控制愤怒

How to Control Your Anger Before It Controls You

[美] 阿尔伯特·埃利斯 (Albert Ellis)
雷蒙德·奇普·塔夫瑞特 (Raymond Chip Tafrate) 著
林旭文 译

心理学大师·**埃利斯**经典作品
| 百年诞辰纪念版 |

机械工业出版社
CHINA MACHINE PRESS

图书在版编目（CIP）数据

控制愤怒 /（美）埃利斯（Ellis，A），（美）塔夫瑞特（Tafrate，R.C.）著；林旭文译 . —北京：机械工业出版社，2013.12（2025.12 重印）

（心理学大师・埃利斯经典作品）

书名原文：How to Control Your Anger Before It Controls You

ISBN 978-7-111-44877-8

Ⅰ. 控…　Ⅱ. ①埃…　②塔…　③林…　Ⅲ. 愤怒 – 自我控制 – 通俗读物　Ⅳ. B842.6-49

中国版本图书馆 CIP 数据核字（2013）第 280713 号

北京市版权局著作权合同登记　图字：01-2013-6494 号。

机械工业出版社（北京市西城区百万庄大街 22 号　　邮政编码　100037）

责任编辑：戚　妍　　　　　版式设计：刘永青

北京铭成印刷有限公司印刷

2025 年 12 月第 1 版第 30 次印刷

170mm × 242mm・11.25 印张

标准书号：ISBN 978-7-111-44877-8

定　　价：59.00 元

客服电话：（010）88361066　68326294

谨以此书献给挚爱的珍妮特和劳伦

“困扰人们的不是事件本身，而是对事件的评判。”

——爱比克泰德，于公元1世纪

How To
Control Your Anger
Before It
Controls You

对话大师

李孟潮专访埃利斯

心理治疗流派层出不穷，但实际上真正受到承认的只有屈指可数的几种，这几种重要流派的开山宗师堪称凤毛麟角，阿尔伯特·埃利斯（Albert Ellis）就是其中一位。

全世界学习心理治疗的人都会在教科书里找到这个名字，都知道他是理性情绪行为疗法（Rational Emotive Behavior Therapy，REBT）的创始人。如果你不知道的话，要当心自己的学业前途了。笔者曾有幸在埃利斯89岁那年采访到这位世界心理学巨匠，谈话内容在此分享给诸位读者。

李孟潮： 您写过这么多书，年近九旬仍每周工作80小时以上，保持如此神奇精力的秘诀是什么？

埃利斯： 我在89岁依然能有很多精力努力工作，第一个秘诀是遗传——我的母亲、父亲和哥哥都是精力充沛的人！第二个秘诀是，我对自己实行理性情绪行为疗法（以下皆依埃利斯原话简称为REBT），所以我坚决反对任何人扰乱我在做的任何事情，我也反对去扰乱别人的事情或这个世界上正在发生的任何事情。

李孟潮： 想不到理性情绪行为疗法还能让人精力充沛。您的业余时间都做些什么呢？

埃利斯： 实际上我几乎没有什么业余时间，当我有一点空闲时，我很喜欢听音乐和读书。

李孟潮： 请问您结婚了没有？您的家庭是什么样的？

埃利斯： 我结过两次婚，还和一位女士同居了36年，但现在我又是单身了。我很喜欢单身的生活。我没有孩子，但我和兄弟姐妹、父亲母亲相处得很融洽。

李孟潮： 看来在您40岁前遇到过不少挫折。也换过不少职业，至少有作家、商人、心理咨询师这三个职业吧？现在回首往事，您认为这样的经历对您有什么意义吗？

埃利斯： 我这一生中曾经至少转换过三个职业，这个事情仅仅意味着，在一段时间内，我会全神贯注于一项事业，然后由于各种原因我会改变，并且同样全神贯注于下一项事业。

李孟潮： 您经历过很多刺激事件，您怎样处理这些事件呢？

埃利斯： 我是这样处理我生活中的刺激事件的——并不要求这些刺激事件不要有刺激性，也不为这些事情感到焦虑或忧郁，因此我在处理这些事情时就能做到最好。

李孟潮： 能用一句话介绍一下理性情绪行为疗法吗？

埃利斯： REBT还真不能用一句话来概括，但如果我来试试的话，我会这么说，REBT是这样一种理论，它认为人们并非被不利的事情搞得心烦意乱，而是被他们对这些事件的看法和观念搞得心烦意乱的，人们带着这些想法，或者产生健康的负性情绪，如悲哀、遗憾、迷惑和烦闷，或者产生不健康的负性情绪，如抑郁、暴怒、焦虑和自憎。

当人们按理性去思维、去行动时，他们就会是愉快的、行有成效的人。人的情绪伴随思维产生，情绪上的困扰是非理性的思维所造成。理性的信念会引起人们对事物适当、适度的情绪反应；而非理性的信念则会导致不适当的情绪和行为反应。当人们坚持某些非理性的信念，长期处于不良的情绪状态之中时，最终将会导致情绪障碍的产生。

非理性信念的特征有：①绝对化的要求。比如“我必须获得成功”“别人必须很好地对待我”“生活应该是很容易的”，等等。②过分概括化。即以某一件事或某几件事的结果来评价整个人。过分概括化就好像以一本书的封面来判定一本书的好坏一样。一个人的价值是不能以他是否聪明，是否取得了成就等来评价的，人的价值就在于他具有人性。他因此主张不要去评价整体的人，而应代之以评价人的行为、行动和表现，每一个人都应接受自己和他人是有可能犯错误的人类一员（无条件的自我接纳和接纳别人）。③糟糕至极。这是一种认为如果一件不好的事发生将是非常可怕、非常糟糕、是一场灾难的想法。非常不好的事情确实有可能发生，尽管有很多原因使我们希望不要发生这种事情，但没有任何理由说这些事情绝对不该发生。我们将努力去接受现实，在可能的情况下去改变这种状况，在不可能时学会在这种状况下生活下去。

理性情绪行为治疗的方法简单来说，就是让来访者意识到自己的非理性的思维模式，并与之辩论，从而达到“无条件的自我接纳”。

大部分心理治疗的流派会比较倾向于使用或认知、或行为、或情绪的方法，但是理性情绪行为疗法是一种比较独特的流派，它三种方法都使用，并清楚地认识到认知、行为、情绪是相互作用的。所以，我们以一种情绪和行为的模式使用认知技术，我们以一种认知和行为的模式使用情绪技术，我们以一种认知和情绪的模式使用行为技术。

李孟潮：哪一类的咨询者可以寻求 REBT 治疗师的帮助？

埃利斯：几乎每个人都可以，只要愿意持续地、充满情感地、坚强地去探索自己是如何使自己烦恼的，并愿意努力摆脱让自己烦恼的方式，REBT 的治疗师都可以帮助他。

李孟潮：您在创立理性情绪行为疗法的时候一定面临了很大的压力，以当时的眼光来看，那是对弗洛伊德的背叛。直到前不久，您还说过根据您的标准来看，弗洛伊德还不够性感。能告诉我们这句话是什么意思吗？

埃利斯：我说弗洛伊德不够性感的意思是指，他把性行为的很多种形式都看作变态或异常的。一个真正的性心理治疗师会认为，只有极少数的性行为是不好的或不道德的，虽然在有些社会环境会坚持认为这些行为是异常的。

李孟潮：目前中国的心理治疗事业刚刚起步，如果中国的心理咨询师想要学习 REBT，应该怎么办呢？需要什么样的条件和过程才能成为理性情绪行为治疗师呢？

埃利斯：成为 REBT 治疗师的条件和过程是，多读一些我写的书，听我的磁带和录像带。当然，最好就是直接参加我们的培训，我们每年都会在全世界举办很多次培训。

李孟潮： 当前中国的心理治疗师面临的一个问题就是经济的问题。有些咨询者和部分治疗师认为，心理治疗应该是和商业活动无关的。也有的治疗师认为，心理治疗中蕴含着无穷的商机。您看起来是一个很特殊的治疗师，既具有很大的名声，又具有很多通过 REBT 赚钱的途径。您对赚钱和无私地帮助别人之间的冲突是怎么看的？

埃利斯： 实际上我并没有通过 REBT 赚到什么钱，因为我所做的一切都是为了阿尔伯特·埃利斯研究所，这是一个非营利机构。我的书的版税和其他的收入都直接归到研究所，而不是我个人。对钱的强烈欲望时常让人们做更多自私的事，也阻止人们做到 REBT 所说的“无条件的接纳别人”，可我不是这样的。

李孟潮： 对今天的中国您有什么想要了解的？

埃利斯： 我对今天的中国了解很少，如果有时间的话，我想更多地了解中国。

李孟潮： 作为 89 岁的老人，回首人生，您认为在生命中什么是最重要的？

埃利斯： 我生命中最重要的事就是对自己使用美国式的 REBT 并总是接纳我自己，虽然我也尝试着改变我做的很多事情。

李孟潮： 一个大问题，也可能是一个愚蠢的问题，您对生活的态度是什么？

埃利斯： 我对生活的态度是，我们不是被邀请到这个世界上来的，生活本身并没有意义，而是我们给了它意义。我们赋予生活意义的方法是，决定什么是我们喜欢的，什么是我们不喜欢的，什么是我们特殊的目标和目的，从而为我们自己选择了意义。

李孟潮： 我的采访就快结束了，您想对中国的青年说些什么？

埃利斯： 我想对中国青年说的是，他们很年轻，如果这个世界有不幸的事情发生——这是屡见不鲜的，他们有足够的时间，建设性地使用 REBT 或其他类似的思考方式来努力不让自己烦恼。

How To
Control Your Anger
Before It
Controls You

阿尔伯特·埃利斯简介

阿尔伯特·埃利斯（Albert Ellis，1913—2007），超越弗洛伊德的著名心理学家，理性情绪行为疗法之父，认知行为疗法的鼻祖。在美国和加拿大，他被公认为十大最具影响力的应用心理学家第二名（卡尔·罗杰斯第一，弗洛伊德第三）。

埃利斯创立了对咨询和治疗领域影响极大的理性情绪行为疗法（Rational Emotive Behavior Therapy，REBT），为现代认知行为疗法的发展奠定了基础。该疗法适用范围广、实用性强、见效快，为中国心理咨询师最常用的方法，是中国心理咨询师国家资格考试必考的疗法之一。

埃利斯自哥伦比亚大学获得临床心理学博士学位，投身心理治疗工作60余年，治愈了15 000多名饱受各种情绪困扰的人，并在纽约创立阿尔伯特·埃利斯理性情绪行为疗法学院。

埃利斯是精力充沛而多产的人，也是心理咨询与治疗领域内著作最丰富的作者之一。多个核心心理咨询期刊都曾刊登过埃利斯的文章，他的文章刊登次数堪称心理咨询领域之最。他一生出版了70多本书籍，其中有许多都成为长年畅销的经典，有几本著作销售量高达几百万册。

2003 年，当他 90 岁生日的那天，他收到了多位公众知名人物的贺电，其中包括美国前总统乔治·布什、比尔·克林顿，前国务卿希拉里·克林顿。

在 2007 年的《今日心理学》杂志上，他被誉为“活着的最伟大的心理学家”。

他是史上最长寿的心理学家，2007 年安然辞世，享年 93 岁，被美国媒体尊称为“心理学巨匠”。

生平

1913 年 9 月 27 日，阿尔伯特·埃利斯出生在美国匹兹堡的一个犹太人家庭，是 3 个孩子中的长子。

4 岁时，埃利斯全家移居纽约市。

5 岁时，埃利斯因肾炎住院，因此不能再从事他所热爱的体育运动，从而开始热爱读书。

12 岁时，埃利斯父母离婚了。他的父亲长年在外经商，对自己少有关爱，母亲同样感情冷漠，喜欢说话，却从不倾听，父母关系向来很差。曲折的经历让他对人的心理活动充满兴趣，小学时就已经是个很能解决麻烦的人了。

进入中学以后，埃利斯的目标是成为美国伟大的小说家。为了这个目标，他打算大学毕业后做一名会计师，30 岁之前退休，然后开始没有经济压力地写作，因此他进入了纽约市立大学商学院。经济大萧条来了，击碎了他的梦想。他仍然坚持读完大学，获得了学位。

大学毕业后，埃利斯开始做生意，生意不好不坏。这时埃利斯对文学还是痴心不改，他把大多数时间都用来写纯文学作品。

28 岁时，他已写了一大堆作品，可都没有发表。这时他意识到自己的未来不能靠写小说生活，于是开始专门写一些非文学类的杂文，并加入了当时的"性 – 家庭革命"。这时他发现很多朋友都把他当作这方面的专家，并向他寻求帮助。此时，埃利斯才发觉原来他像喜欢文学一样喜欢心理咨询。

1942 年，埃利斯开始攻读哥伦比亚大学临床心理学硕士学位，主要接受精神分析学派的训练。

1943 年 6 月，埃利斯获得哥伦比亚大学临床心理学硕士学位。

1947 年，埃利斯获得临床心理学博士学位。如同当时大部分心理学家，这时候的埃利斯是个坚定的精神分析信徒，下决心要成为著名的精神分析师。

20 世纪 40 年代后期，埃利斯已经在当地的精神分析界小有名气，他在哥伦比亚大学做教授，还先后在纽约市以及新泽西州的几所机构内身居要职。可就在此时，埃利斯开始对自己钟爱的精神分析事业产生了怀疑。

1953 年 1 月，埃利斯彻底与精神分析分道扬镳，开始将自己称为理性临床医生，提倡一种更积极的新的心理疗法。

1955 年，他将自己的新方法命名为理性疗法（Rational Therapy，RT）。这种疗法要求临床医生帮助咨询者理解，自己的个人哲学（包括信仰）导致了自己的情感痛苦。例如"我必须完美"

或“我必须被每个人所爱”。

1961 年，该疗法改名为理性情绪疗法（Rational Emotive Therapy，RET）

1993 年，埃利斯又将该疗法更改为理性情绪行为疗法（Rational Emotive Behavior Therapy，REBT）。因为他认为理性情绪疗法会误导人们以为此疗法不重视行为概念，其实埃利斯初创此疗法时就强调认知、行为、情绪的关联性，而且治疗的过程和所使用的技术都包含认知、行为和情绪三方面。

2004 年，埃利斯罹患严重的肠炎。

2007 年 7 月 24 日，埃利斯自然死亡，享年 93 岁。

前言

你能平静地应付愤怒情绪吗

愤怒给人类生活带来的毁灭性影响随处可见。在电视、报纸报道的各类暴行中，愤怒都起了一定作用。愤怒还会给你的生活带来灾难性的后果。如果对愤怒情绪放任自流，它会毁坏你最亲密的人际关系，损害你的身心健康。

愤怒是最具破坏力的情绪之一，同时也最让人困惑，最不受重视，这点成了心理治疗的一大悖论。

很多书本和杂志都在谈论应付愤怒情绪的方法，却没有提出行之有效的建议，一些建议甚至互相矛盾！有些建议你在受到不公正对待时，采取消极的、不反抗的态度，多半认为这样才能显示出你具有真正的自控力。但是，消极的态度通常会导致更多的不公平。更糟的是，甚至会使不公平的程度升级。

另一些书则建议你大胆地表达愤怒情绪，尽情宣泄，真实地展现自己愤怒的一面，认为这样做能够制住对手。

也许这招行得通。但是，爱生爱，恨则带来报复。你尽管试试！

这两种方法都不可靠，有什么好的解决办法吗？应该小心翼翼地遏制怒火，还是随随便便地发泄怒气？这确实是个问题！

有什么解决办法？2000年前，著名的斯多葛派哲学家爱比克泰德（Epictetus）指出，面对他人令人讨厌的、不公正的行为，你会产生过激反应，其实你不必如此。像爱比克泰德一样，你可以明智地选择其他反应方式，这是理性情绪行为疗法（REBT）的一大原则。理性情绪行为疗法吸收了古代欧亚几位先哲的智慧，并结合现代心理治疗方法，可以在很大程度上遏制让自我挫败的愤怒反应，使我们不至于歇斯底里地生活在一个不公正的、困难重重的社会。

你做得到吗？当然能做到。你肯定能够在很大程度上改变自己接受并处理愤怒的方式。通过努力，你能够学会控制愤怒情绪。这本书的两位作者，在其职业生涯中花了很多时间来了解、帮助那些遭受严重愤怒情绪困扰的人。在这本书中，我们将与你分享一些控制愤怒的方法，这些方法对经我们诊治的多数来访者很有效。

20多年前，这本书的第1版出版后，我得到了很多读者的支持。这些读者运用理性情绪疗法控制愤怒情绪，受益颇多。这个版本新增了几个章节的内容，对原有的内容也有所改动。这些新增及改动的内容反映了愤怒研究领域获得的令人振奋的进展。尽管如此，第1版中很多基本准则至今仍然行之有效。在这个修订版中，我与合作者雷蒙德·奇普·塔夫瑞特将再次详述，你是如何有意识或无意识地诉诸绝对的、命令的思维方式，从而形成关于愤怒的一套理论。我们还会告诉你，如何通过改变愤怒的想法、感觉和行为，最大限度地减轻愤怒情绪，从而让你的生活更快乐、更富成效。

阿尔伯特·埃利斯

How To
Control Your Anger
Before It
Controls You

目录

对话大师　李孟潮专访埃利斯

阿尔伯特·埃利斯简介

前言　你能平静地应付愤怒情绪吗

第 1 章　愤怒情绪的惨重代价　/ 1

第 2 章　应付愤怒情绪的五大误区　/ 15

第 3 章　理性情绪行为疗法 ABC 理论　/ 24

第 4 章　理性信念与非理性信念　/ 30

第 5 章　如何发现非理性信念　/ 36

第 6 章　理性情绪行为疗法的三大洞见　/ 45

第 7 章　质疑非理性信念　/ 49

第 8 章　控制愤怒的思维方法　/ 54

第 9 章　控制愤怒的情绪方法　/ 61

第 10 章　控制愤怒的行为方法　/ 71

第 11 章　学会放松　/ 91

第 12 章　控制愤怒的其他思维方法　/ 101
第 13 章　控制愤怒的其他方法　/ 124
第 14 章　接受愤怒的自己　/ 146
第 15 章　结语　/ 154
附录　理性情绪行为疗法自助表　/ 156

How To
Control Your Anger
Before It
Controls You

第1章

愤怒情绪的惨重代价

你可能是因为自己或自己关心的人受愤怒情绪困扰，所以读这本书。在论述如何应付愤怒情绪之前，先谈谈愤怒的惨重代价。

愤怒是人的真实感受，为什么你以及你关心的人需要摆脱这种感觉呢？当然，没有法律规定你必须这么做。但是，出于某些重要的原因，你最好这么做。

愤怒会破坏亲密的人际关系

愤怒最常见也可能是最糟糕的一个后果就是破坏人际关系，而且往往是最亲密的人际关系。也许你的想法和很多人一样，认为愤怒情绪针对的主要是我们不喜欢的人。错了！最近，由霍夫斯特拉大学的卡西诺夫（Kassinove）及其同事，以及马萨诸塞大学的艾夫里尔（Averill）做的几项研究表明：我们生气的对象往往是熟悉的人。最常见的生气对象有伴侣、孩子、同事和朋友。下面的例子可以证明这一点。

杰夫在将近60岁时开始治疗，试图控制暴躁的脾气。杰夫与他的两个成年子女脱离了关系。他说，他妻子受够了他暴戾的脾气与强烈的控制欲，几年前与他离婚了。他与子女的关系，即使在还有联系的时候也很紧张。有一次，他去看望女儿，与女婿发生争执，两人吵得很厉害，最后他打了女婿一拳。从那以后，他的两个孩子都不再理他。回想起这些，杰夫悲哀地认识到，愤怒已经使他失去了最亲的家人。

南希寻求帮助时26岁，当时她与男朋友弗雷德已经一起生活了2年。他们本来计划结婚，但是南希暴躁的脾气破坏了两人的关系。南希说，弗雷德与其他女人工作接触多一些，她就会妒忌、生气，还时常抱怨弗雷德不够关心她。尽管没有证据证明弗雷德与任何一个女同事有情感纠葛，但南希还是要找茬。她的脾气会间歇性地发作，以各种可怕的罪名指责弗雷德，甚至大喊大叫，把东西扔得满屋子都是。弗雷德最后受够了她的坏脾气，解除了婚约并搬走了。

上述两个例子貌似有点极端，其实并不少见。像杰夫这样的人与他人关系不好时，总是将责任推到别人身上。一旦出现纷争，他们不会妥协或改变自己，直到某些关系破裂时，他们才为自己的愤怒情绪承担一些责任，真正认识到愤怒带来的惨重代价。很多人认识不到他们的愤怒使他们失去朋友，使别人不愿意搭理他们。等他们认识到这点的时候，已经太迟了！

南希的情况有点不同：失去一个重要的人际关系就足以让她明白，她在控制愤怒方面有问题。但是开始的时候，她还是将责任推到前男友身上。她的理由是，既然她感到受伤、生气，那么必定是弗雷德做错了。直到她承认自己缺乏情绪管理能力，才有所改进。

想想你自己的生活，愤怒情绪是否曾经破坏了你一些重要的人际关系？你是否经常将自己的愤怒情绪归咎于他人？如果你还是不改变这种思维方式，几年后你将处于怎样一种境地？不再愤怒，以更多的包容和变通处理亲密的人际关系。做到这点，会让你长久受益。

愤怒会破坏工作中的人际关系

我们得承认，工作经常让人泄气。苛刻的老板、嫉妒的同事、坏脾气的顾客、最后期限的限定，以及各种不公平的事情，所有这些都在考验你的耐性。但是，对挫折感到愤怒只会让你更沮丧。第一，愤怒会毁坏你工作中的人际关系，妨碍你成功。第二，愤怒使你不能专注于重要的事情，不能充分展现你的工作能力。

与他人关系融洽有助于你在工作上取得成功，这点甚至与你做某项工作的能力一样重要。如果你脾气暴躁，同事和上司都不会喜欢与你共事。他们会将你看作一个难应付的家伙，希望尽快从你身边逃离。美国北卡罗来纳州创意领导中心的一项研究表明，企业高层在承受压力的情况下，不能控制愤怒是失去升迁机会、遭到解雇或劝退的主要因素。

这种情况不仅限于企业高层！不管你做何种工作，不管你的级别是高是低，愤怒都会给你带来破坏性的后果。让我们看看下面两个不同的例子。

杰里是一个建筑工人，因为害怕自己无法控制愤怒情绪而失去工作，才开始接受治疗。杰里完全有能力做好自己的工作，但他身材矮小，同事经常拿他的身高开玩笑。他觉得受了侮辱，很生气，而他的反应却引来更多的嘲笑。一次，他在盛怒之下扬言要打一个同事。结果杰里被停职，并被告知，下次再控制不住脾气会被解雇。

幸运的是，杰里运用理性情绪行为疗法控制自己的愤怒，有效地应付同事的嘲弄。下面再看一个例子。

霍华德经营着一家小会计公司，公司职员只有一个行政助理。由于公司业务进展得不顺利，霍华德感到很沮丧，尤其让他头疼的是，过去一年时间，走了5个行政助理。结果重要的工作无法完成，而他要不停地培训新人。霍华德对任何挫折的反应都很激烈：大喊大叫，拍桌子，有几次甚至摔电话。他可笑地认为自己有权生气，因为这是他的公司，是他付给助理工资。经过几期的理性情绪行为治疗，霍华德开始认识到是自己的坏脾气赶走了助理，让他付出了很高的代价。

这两个例子说明，无法控制愤怒情绪会破坏重要的工作关系。杰里需要同事和上司的支持才能保住工作，才有可能升职。霍华德错误地认为：因为自己是老板，他的手下就必须忍受他的坏脾气。

事业成功的一个关键就是，不管工作中遇到什么挫折，都要管理好自己的情绪。发泄怒气可能让你感觉很痛快，但对你的生意伙伴和同事来说，却未必如此。

愤怒还会将你的精力和注意力从工作上转移开。在愤怒情绪的支配下，你老是会想一些“不公平”的事情，在脑子里一遍遍徒劳地琢磨；或者想方设法报复同事或上司；或者搞点小破坏；拒绝听从理性的劝告；不去处理重要的事情，任其朝坏的方向发展；甚至费尽心思去破坏别人的工作。

当你专注于某个对你“不公正”的人，或谋划着如何报复时，怎么能够富有成效地解决矛盾，怎么能够完成高质量的工作呢？这种做法对你非常不利！你周围的人终有一天会察觉到你的愤怒。看看简的例子。

简接受治疗，是因为她老琢磨为什么自己不能升职。简在公司做了5年多，希望升到经理的职位，但一直不能如愿，她感到很伤心，很愤怒。她越是这样想，就越是生气。在老板面前，简掩饰自己的愤怒，但她的工作热情减退了，工作业绩也下降了，几个工作项目也不能及时跟进。这种状况持续了一个月，她的老板把她叫到办公室，说了他的担心，并告诉她，之所以没有提拔她，是因为财政预算的问题，跟她的工作表现没有关系。老板还让她放心，下一批升职人员名单中有她的名字，但如果她不能恢复工作效率，公司就要将升职机会给别人了。

简花了过多的时间和精力在心里生老板的气，以致她没有好好想想，没有升职是否存在其他原因。她的行为使她获得升职的机会变小了，结果就是她差点就失去了升职机会。

当然，有时候你会发现自己在工作中确实受到不公平的对待，没有得到应有的回报。但是生气或是冲动地“逃离”，会让人觉得你经受不起挫折，下次再出现棘手的事情，你还是会愤怒。较好的解决办法是减轻愤怒情绪，尽力改进不利状况。如果这样还是行不通，你可以平静地离开，寻找一份更值得你去做的工作。

愤怒让情况变得更糟

除了上面所说的情况，难道愤怒不能带来任何好处吗？愤怒是否有助于你面对困难的处境？面对逆境，愤怒是否能够给你力量，让你觉得可以掌控局面？为了坚持自己的权利，让别人理解自己的想法，表达愤怒情绪不是必须的吗？问得好。处理困难的情况时，愤怒情绪到底会提高效率还是降低效率？关于这点，心理学研究还没有得出明确结论。事实上，很少有研究者会关注这个问题。然而很多人，包括一些治疗师和知名作家，总喜欢贸然下结论：遇到不公平的事情，你一定会感到愤怒。

两千多年前，亚洲、希腊、罗马的一些哲人的观点却有些不同。斯多葛派（Stoic）哲学家塞内卡（Seneca）在一篇最早论述愤怒的文章中，形容愤怒是“所有情绪中最令人憎恶的、最狂暴的”。斯多葛派哲学家认为，愤怒影响人们进行理性思考。

在众多受愤怒情绪困扰的来访者中，有不少人很聪明，在他们不发火的时候，完全有能力解决冲突和困难。当他们平静下来后，能够冷静地分析各种处理麻烦事情的方法。

想想自己最近一次发火在什么时候，当时你专注于什么事情，做了什么。你能够理性地考虑问题吗？你能够想到所有可供选择的方法吗？你选择的方法是最好的吗？你是否为自己说过的话或做过的事情后悔？如果你和多数人一样，你就会发现，在愤怒的时候，你的想法和行为不大可能是最佳的。

再观察一下其他人生气时的行为。看看你的亲戚、朋友、同事，或者干脆打开电视，新闻广播和脱口秀节目到处都有愤怒的例子。在一次棘手的采访过程中，失去理智会有效果吗？愤怒会使辩论者更有条理地表述观点吗？

但是，你可能会问，面对不公平或不公正的情况，该怎么办？为争取大规模的社会改革（如平等权）而斗争时，该怎么办？在这些情况下，表达愤怒情绪难道不是合适且有效的方式吗？

在某些情况下，愤怒可能会有用，但却很少能带来合理的变化。像马丁·路德·金、圣雄甘地等人都狂热地忠实于自己的理想，同时又非常自律、头脑清醒。他们的行动能产生实际效果，主要靠的是理性，不是愤怒。

生活是艰难的，充满挑战，总是免不了斗争。愤怒是人的一种正常情绪，但不是解决问题的有用方式。好好想想，再判断愤怒情绪对你有益还是有害。

愤怒引发攻击行为

控制愤怒的另一个原因是，愤怒很容易导致攻击行为。现实生活中不是有暴力行为吗？屏幕上以及新闻报道中不是也有各类暴行吗？在工业化国家的文化中，美国文化不是最暴力的吗？

联邦调查局最近统计，在美国每 17 秒发生一次暴力犯罪（据美国司法部报告）。暴力行为在美国年轻人中尤为普遍。目前，凶杀是导致 15 ～ 24 岁人群死亡的第二大原因，暴力成了最重要的公共健康问题之一（据美国人口调查局报告）。

家庭暴力也是如此。据估计，在美国每年有150万女性遭受生活伴侣的虐待。美国每年约有40%被谋杀的女性是被她们的丈夫杀死的。同时，也存在女性实施暴力行为的情况。最近一项研究表明，女性攻击男性的情况越来越常见。然而做这种比较要谨慎，因为男性攻击女性产生的后果更为严重。

家庭暴力给儿童也带来恶劣的影响。一份政府报告指出，在美国，每年约有14万儿童遭受虐待，至少有2 000名儿童（相当于每天有超过5名儿童）死于父母或看管人之手（美国儿童虐待与忽视咨询委员会报告）。

虽然愤怒情绪并不一定导致攻击行为，但愤怒经常会产生这样的后果。正如一位研究者所说："愤怒就像是建筑师的蓝图。光靠蓝图不能建起一座大楼，但有了蓝图，建造大楼就容易多了。"

下面是两个因愤怒导致攻击行为的例子。

里奇，37岁，在因殴打他人被捕后开始进行心理治疗。他的妻子一直抱怨他在开车过程中的攻击行为。一次，一位司机在红绿灯处忽然变道，将车停在里奇的车前面，差点造成交通事故。里奇非常生气，紧追着那辆车，到下一个红绿灯下车，与那位司机吵了起来。里奇一拳打在那人脸上，之后就离开了。一位目击者告诉警察里奇的车牌号，后来里奇被抓了。这次事件后，里奇的妻子坚持要他寻求帮助，进行治疗。治疗时，里奇说自己一个月至少有一次在开车时发怒，与其他司机争吵、打架，只不过这是他第一次被捕。

雪莉，30岁出头，她来寻求帮助，是因为她不停地冲她的3个小孩大吼大叫。她说她的孩子们总是让她很恼火，她没有一分钟时间是属于她自己的，而她丈夫几乎帮不了什么忙。她时常发怒，情况变得越来越糟糕，甚至会摔房间里的东西。她担心自己的行为对孩子的心理造成伤害，同时也害怕自己失去控制，对孩子造成身体伤害。

像里奇和雪莉一样，很多人来寻求帮助都是因为害怕自己的愤怒会导致暴力行为。攻击行为造成的后果包括：人际关系破裂，失去工作，生理上的伤害，损坏财物，引起法律纠纷，被判监禁，犯罪感和令人难堪。

回想一下你最近一次的攻击行为是在什么时候。想想每次发生攻击行为时，你是否损坏财物，大吼大叫，推人，扇人耳光或用拳头打人。老实说，难道你不是在愤怒情绪的支配下这么做的吗？即使是偶尔的暴力行为，都要付出惨重的代价。如果你经常发怒，结果会如何？等着瞧吧！

愤怒可能引发心脏病

也许你会想："我很健康，这一节的内容对我不适用。"不要过于肯定！30多年的研究发现，愤怒与心脏病有诸多关联。在美国，目前心脏病是导致死亡的主要原因。就算你的愤怒情绪还没有造成严重的健康问题，但它的破坏效果可能已经在起作用了。

为了了解愤怒如何损害身体健康，先分析愤怒的目的与功能。很多研究者将愤怒视作一种情绪系统。这一系统激励我们，使我们做好准备，反抗潜在的威胁；帮助我们调动资源，应付冲突。这一应急反应模式在20世纪初由生理学家沃尔特·坎农（Walter Cannon）提出，坎农发明了术语"战斗或逃跑"反应（"fight or flight" response）。逃跑反应是因焦虑而逃离危险，战斗反应更多是出于愤怒，保护自己免受威胁。

当你感到气愤并启动应急反应时，身体会发生什么变化？肌肉紧张，心跳、呼吸及代谢加快，这些生理变化使你的身体做好行动的准备。同时，血液中的肾上腺素增多，肌肉血流量增多。所以，生气时会很想去攻击惹你发怒的对象，这点毫不奇怪，因为你的身体已经做好了行动的准备。

愤怒有助于你勇敢面对危及生命的攻击者，或某些紧急状况。但是对日常生活中的某些挫败，没必要采取这种方式。事实上，如果你不停地启动愤怒系统，会对身体造成严重损害。

斯坦福大学的生物学和神经学教授罗伯特·萨波尔斯基（Robert Sapolsky）指出，如果我们经常生气，生理不断发生变化，会损害心血管系统。生气时由于血压突然升高，血液流经动脉的力度加强。血流冲击使光滑的动脉血管壁受到磨损，产生凹痕。这层组织一旦遭到破坏，脂肪酸、葡萄糖及血液中的其他物质就会黏在损坏的血管壁上。经过长时间的积累，最后导致动脉阻塞，反过来使血流量减少。这就是所谓的动脉粥样硬化（atherosclerosis）。这种动脉斑块沉积影响到心脏，可能导致冠心病、心肌缺血或其他严重的心脏病。

从 20 世纪 60 年代早期以来的很多研究都表明，愤怒情绪与心脏病有关联。对这种研究做全面回顾超出本书的论述范围。总体而言，大部分研究分两大类。一类称为横断研究（cross-sectional research），要求几组心脏病来访者报告平时愤怒的频率和强度。将他们的反应与一组没有患心脏病的人（称为控制组被试）作对比。在众多这类研究中，冠心病来访者愤怒的程度远远高于没有心脏病的人。这说明，容易发怒的人更可能得心脏病。

另一类称为前瞻性研究（prospective studies）。这类研究更加凸显了愤怒情绪与心脏病的因果关系，先记录一大群健康的人在日常生活中产生愤怒情绪的不同程度，然后对这群人做长时间（20 年，甚至超过 20 年）的追踪研究，最后检测这群人是否患有心脏病。将这些人愤怒的程度与后来的健康状况做比对。大多数这类研究都表明，愤怒程度高的人很可能会患动脉粥样硬化。

例如，有一个研究对 255 位医科学生做了性格的测试，接着做了 25 年的追踪研究，最后发现，愤怒程度得分高的人患上冠心病的几率是得分低的人的 4 ～ 5 倍。另一个类似的研究以律师为对象，最后发现，愤怒程度得分在前 1/4 的人里面，有近 1/5 的人在 50 岁之前就去世了。愤怒得分在后 1/4 的人里面，只有 1/25 的人在 50 岁之前去世。

你生气的时间有多久？你患上高血压或心脏病的概率高吗？如果长时间有愤怒情绪，今后患上严重疾病的概率会增大。下次生气时，注意一下身体的一些生理感觉和变化，记住长期愤怒带来的生理反应会导致伤害、疾病，甚至可能导致过早死亡。

愤怒带来精神痛苦

愤怒引起的很多后果很严重，容易被发现，但是有些后果可能并不那么明显，包括严重的情感痛苦，如抑郁、内疚、窘迫、失控感，以及与人交往时缺乏自信。你是否有上述感觉，你的挫折容忍力是否很低，是否很轻易就会发怒？

如前所述，时常发怒会使你失去工作和一些重要的人际关系。当你因愤怒而遭受损失时，很容易会责怪自己，变得心情沮丧。有时候你会同时受愤怒与抑郁情绪的折磨。你可能会埋怨其他的人和事情，让自己生气；同时责怪自己，因而产生抑郁情绪。斯泰茜的情况就是如此。

斯泰茜快40岁了，有3个小孩。她在治疗时说自己感到伤心、孤单，还抱怨身边的人不支持她。她承认自己不甘心做一个家庭主妇。事实上，不能追求自己的梦想让她感到很恼火。她的丈夫整天忙着工作，没有时间陪她。她的父母就住在附近，但他们更喜欢待在另一个女儿家。另外，斯泰茜的好朋友也寥寥无几。

斯泰茜的情况令人感兴趣的一点在于，她的主要问题是愤怒情绪，而不是抑郁情绪。她情绪低落，对人也不友善，这让其他人很难接近她。有时候她会因自己的困境而去埋怨他人，如她的丈夫、孩子、父母，然后感到极为愤怒。她确实想亲近别人，但她的愤怒使别人远离她。

有时候，斯泰茜也会自责，认为孤独是自己造成的。她觉得自己没有朋友，也无法实现理想。她感到伤心、沮丧。于是，斯泰茜时而愤怒，时而抑郁。不幸的是，这两种困扰她的情绪都不能使她过上想要的生活。事实上，她的愤怒使她失去亲密的人际关系，让她感到更加孤独、沮丧。

如果你因自己的愤怒而感到抑郁，那就平息你的怒气，集中精神，努力改变生活中不如意的事情。

时常愤怒带来的不仅是抑郁情绪，还有内疚与窘迫。对生气时说的话或做的事，你会感到尴尬，因而责怪自己，避开那些让你烦恼的人。鲍勃的情况就是如此。

鲍勃很长时间以来一直受愤怒情绪困扰。他曾因商品价格问题，在超市与一位店长打了起来。那位店长的年纪比鲍勃小很多，因此鲍勃认为自己应该受到尊重。当他发现事情并不是他想的那样时，他很生气，不停咒骂、威胁店长。后来警察来了，鲍勃更加生气，最后被制服，戴着手铐被带走了。尽管后来撤销了对他的指控，但鲍勃还是避开这家超市以及那些知道这件事的人，因为他觉得那天自己的行为很丢人。

这个例子有些极端，但说明了一点：对自己的愤怒感到内疚与尴尬，会使你避免与他人打交道。这样会妨碍人际关系，阻碍个人发展。

愤怒还会让你失去控制。生气时，心跳加快，脸上发热，各种想法在你脑子里乱转，血压飙升，肾上腺素分泌加快，这时你很难做出理性的行为。你需要努力控制自己的行为。你的愤怒让你很不舒服，而且它时刻在提醒你：你不能很好地应付生活中出现的问题。

迈克从29岁开始治疗。他说自己是个“反应狂”（react-a-holic），经常控制不住自己，攻击别人。从高中时候起，他就已经失去一些重要的人际关系，因攻击别人被捕过一次，由于暴躁脾气被解雇了好多次。鲍勃开始进行理性情绪行为治疗时，已经结婚3年了，而且刚刚生了一个儿子。儿子的出生使他下定决心，寻求帮助。他希望可以更好地控制自己的情绪，因为他不想在孩子面前发火。

你是否也像迈克一样，担心自己生气时会有过分的举动？你是否害怕自己失去控制而做出毁灭性的行为？失控感是一个信号，提醒你是时候寻求帮助了。

愤怒还会让你在与人打交道时失去自信。如果愤怒时常给你带来不好的结果，你很快就会开始怀疑自己的判断。你不再有决断力，担心自己一生气，行为会很离谱；不知道如何处理生活中的困难。学会面对困难时管理好自己的情绪，对你肯定有所帮助。

平息愤怒情绪并不意味着要牺牲梦想和愿望。恰恰相反！最大限度地减轻愤怒，能够使你更自信，更有决断力，从而有更多机会得到你想要的东西。

有不少愤怒的后果非常严重，很容易被其他人注意到，但是有些后果是私人体验，如感到窘迫、失去控制、感到困惑、缺乏自信。由于愤怒会带来不利后果，你会因自己的愤怒而感到抑郁、内疚。为一种情绪付出的代价是三种糟糕的情绪！

你正遭受愤怒带来的损失吗

这一章的某些内容对你来说是不是很熟悉？愤怒能帮你得到想要的东西吗？发泄愤怒所得到的快乐与所付出的代价相比，值得吗？如果你没有遭受上述损失，记住一点：不是所有的后果都会马上被察觉，有些严重后果可能要经过几年的时间才被发现。如果你曾经遭受过或者正在承受愤怒带来的挫折，是时候想办法解决问题了。

改变通常很困难。这本书提到的方法和技巧，不是为你遇到的问题提供一个快捷的办法。这些技术和方法需要你有一个开放的心灵，通过不断实践，为战胜愤怒情绪不懈努力。这样的话，要改变就容易多了。

少一些愤怒情绪，好好生活，这可能是你做的最重要的决定。你说呢？

How To
Control Your Anger
Before It
Controls You

第2章

应付愤怒情绪的五大误区

你肯定听过不少应付愤怒情绪的“常识性”建议。通俗杂志以及电视、电台的脱口秀节目主持人每天都告诉你很多方法，试图让你的生活远离愤怒和怨恨。不幸的是，这些方法多数行不通。

如果你向5位治疗心理健康的专业人士咨询应付愤怒情绪的最佳办法，很可能会得到5种不同的答案。一些“专家”会告诉你，让你感到愤怒的根源在于你的过去，是过去的创伤和不公正让你变得没有安全感，充满愤怒。解决愤怒问题的唯一办法是回溯过去，治愈旧的创伤，纠正不公正的事情。而另外一些人可能会告诉你，过去根本不算什么。如果你换个工作，或改善人际关系，或改变让你烦恼的处境，你肯定会过得快乐健康，没有那么多怒气。

还有些看法互相矛盾。一些专业人士建议你忍住怒气，尽量避免与麻烦的人产生冲突；或者先从困难的处境中撤离，等冷静下来再处理问题。与此相反，另外一些专业人士鼓励你任何时候一有愤怒情绪，就马上发泄出来。你可以直接冲那些惹你生气的讨厌的家伙发火；

或者私底下大喊大叫、捶打枕头、做运动，通过这些间接的方式发泄怒气。

各种错误信念盛行。为什么会出现这种情况？因为缺乏对愤怒的原因和解决方法的科学研究。精神病专家艾伦·罗滕伯格（Allen Rothenberg）说："一直以来，愤怒问题都没有被当作一个值得研究的独立课题……这种状况不仅剥夺了愤怒在研究人类行为方面的重要性，而且产生了一大堆令人困惑的定义、错误的概念，以及过分简单化的理论。"

下面是应付愤怒和不满情绪的五大常见误区。要想了解愤怒的本质，就要质疑并挑战这些错误的信念。

误区之一：通过发泄方式来减轻愤怒

那种认为通过发泄方式可以减轻愤怒的观点，源自弗洛伊德式思维。根据弗洛伊德（Freud）和威廉·赖希（Wilhelm Reich）的情绪液压模式理论，愤怒情绪经过一段时间的积累，会聚集形成负面能量。如果郁积的愤怒没有被表达或释放出来，会导致疾病和情绪困扰。持这种观点的治疗师会鼓励你发泄愤怒情绪，由此释放积累起来的紧张感。他们认为，让讨厌的人离远点或其他发泄行为，可以防止你的攻击性情绪聚积到有害的程度。

这种观点有两大错误。第一，认为表达愤怒可以减轻愤怒对健康的影响。第二，发泄怨恨情绪会让你没那么生气。

第 1 章已经论述过，很多证据表明，长期愤怒是患心脏病的危险因素。有些研究表明，压制愤怒会引起疾病。但是发泄愤怒真的比不发泄好很多吗？

当然不是！根据马里兰大学的心理学家及愤怒研究者艾伦·西格曼博士（Dr. Aaron Siegman）的说法，发泄愤怒是患心脏病的一个极其危险的因素。发泄愤怒会触发某种内在机制，极易导致动脉损伤。西格曼的研究表明，比起忍住怒气不发作，尽情发泄愤怒更可能损害健康。发泄怒火实在很危险！

认为尽情表达愤怒可以减轻愤怒的信念是错误的。宣泄的方法真的可以减轻愤怒吗？过去40年，研究者做了很多这方面的心理学实验。这些研究得出一致的结论：不管在言语上还是行动上发泄愤怒，只会导致更多的愤怒和暴力。

不管是以直接还是间接的方式发泄怒气，都会起到加强的效果。一位从事愤怒情绪治疗的同事经常会讲一个老掉牙的笑话："你是如何做到进卡内基音乐厅表演的？""练习，练习，再练习。""那你是如何变成一个容易发火的人的？""练习，练习，再练习。"

如果发泄怒火会让人更生气，为什么还一直存在与之相反的错误信念呢？原因可能与愤怒的本质有关。第1章已经论述过，愤怒能使你的身体做好应付潜在威胁的准备，这是一个系统，而生理变化属于愤怒系统的一部分。一旦发生生理变化，你的身体就像充了电，时刻准备采取行动，很自然想以某种方式发泄。当你使用暴力或责骂了别人后，马上会感到一阵轻松。发泄愤怒可能让你感觉很不错，下次你很可能还会这样做，并且傻傻地以为这样做有益健康。

这种错误信念存在的另一个原因是，大部分治疗师真的想帮助来访者改善状况。来访者发泄怒气后，会有暂时的放松感，这使一些治疗师错误地认为，鼓励来访者发泄情绪真的有用。另外，治疗师希望支持来访者，在听了来访者讲述自己为不公正的事情而生气后，治疗师可能会认为让来访者表达他们的感受是正确的或合适的。让来访者表达愤怒情绪，表明治疗师真的理解、关心他们。

尽管有证据证明发泄愤怒有害健康，但很多心理治疗方法仍然采用这种形式，我们国家也普遍存在这种情况。如果你仍然认为发泄怒气有利健康，建议你最好重新考虑一下这种过时的理论。下次生气时，试着忍住怒气。你会发现，激动的情绪最后会慢慢平静下来。然后读一些这方面的书，学会一开始就防止自己进入愤怒的恶性循环。

误区之二：愤怒时采取暂停策略

一些心理健康专家认识到宣泄愤怒的危险与后果，会告诉你尽量避免或远离那些容易让你生气的情况。他们将其称为“暂停”方法。当你发现自己对孩子感到很生气时，先停一下，消消气。工作中碰到让人生气的事情，就出去走一走，直到气消了再回来。这听起来不错，不是吗？但事情可能并非如此。这种方式存在一些问题。让我们看看运用这种方法的两个例子。

弗雷德有很长一段时间对他的女性朋友脾气很坏。他没有攻击她们，但会冲她们大喊大叫，有时还会摔东西。在失去几个朋友后，弗雷德来寻求帮助。当时他的治疗师建议他生气时采取暂停的方式。弗雷德按照这种方式与另一个女朋友相处，开始几个月还可以，但是他的新女朋友最后还是离开了他。她抱怨弗雷德不与她交流，他们无法解决分歧，因为每次一有争执，弗雷德总是跑开。

玛乔丽将这种暂停策略更多地运用到工作中。当她感到自己无法承受顾客及上司的各种要求时，就采用暂停方法。虽然她没有发脾气，但是周围的人还是察觉到了她这种逃避的态度，大家都认为她情感脆弱。她的上司和同事不再让她做有难度的工作，怕她不能应付。最后，经理认为她不能承受工作压力，将她辞退了。

弗雷德和玛乔丽都积极采用回避方式。弗雷德回避任何分歧，甚至回避保持一段亲密关系所必需的交流。玛乔丽回避工作中会让她发火的任何事情，因而不能很好地完成工作任务。时间一长，回避一般会产生适得其反的效果，原因有两个。第一，你不是设法解决应该解决的问题。逃离困难，困难并不会奇迹般消失，反而会恶化，产生更多问题。第二，回避情绪问题，不利于找到管理情绪更好的办法。想想吧，逃离一个有压力的情况，能让你对这个情况、对自己有多少认识？几乎没有！困难会让一个人成长。不回避困难，让自己冷静下来，找到解决问题的办法。只有这样，才能在应付困难的过程中学到东西，今后碰到问题，才能更好地处理。

暂停策略确实有一定作用。如果你在盛怒之下会做伤害他人的事，那么给自己一些时间冷静下来的确重要。如果你正在学习如何管理自己的愤怒情绪，暂停方式在开始阶段还是有用的。但是，如果作为一种长期策略，暂停方式会妨碍你有效地进行情绪控制和解决困难。这种方式只是让你逃避困难。

误区之三：愤怒促使你得到想要的东西

你可能与很多人一样，认为发泄愤怒有助于你得到想要的东西，或者认为愤怒情绪促使你战胜逆境，对抗不公正。我们在第 1 章已经讨论过，愤怒情绪不但不能帮你达成目的，反而会阻碍你实现目标。

难道你认为，不发脾气，其他人就不会听你、尊重你、或顺从你的意愿吗？是的，有些人确实会这样，他们会屈从于你的愤怒。你的伴侣和孩子为了让你息怒，可能会按你的要求做；你的同事也可能会做些事情来平息你的怒气。既然如此，发泄愤怒有何不可呢？

当你大喊大叫或威胁别人时，他们也许会屈从你，让你如愿，主要是你不断给他们施加压力的缘故。时间一长，他们可能会对你充满怨恨或疏远你。内德和他家人的情况就是如此。

内德来治疗时，快 50 岁了，结婚已经 27 年，有两个孩子。内德对家人要求很高，很挑剔。面对内德苛刻的要求和坏脾气，他的妻子诺拉和孩子们经常顺从他的意愿，目的只是为了让他闭嘴。诺拉说，他们整天都战战兢兢的，私底下一致认为，最好任何事都不要与内德商量。每个人在他面前都小心翼翼的。

虽然内德在短时间内如愿以偿，但他的家人最终找到了不受他控制的方法。结果是，内德和家人之间几乎没有信任，关系疏远。

很多来访者只看到愤怒带来的短期回报。他人可能会顺从你的意思，在你发怒时，他们可能会马上按照你的要求做。但不要忽视这种“一时胜利”带来的长期的有害结果。久而久之，你的这种做法会毁坏人际关系。

误区之四：洞察过去可以减轻愤怒

心理健康专家经常灌输的另一个错误信念是，洞察过去可以减轻愤怒。这些“帮助者”认为，为了应付愤怒，必须回顾孩童时期的心理创伤，这些创伤曾经让你愤怒，现在依然使你愤怒。如果你接受这种观点，那么你就要花上几年时间进行治疗，试图弄清楚自己发怒的原因。很多治疗师会兴致盎然地与你探讨你的童年和青少年时期的每个细节。就算这种自我探索很有意思，但这能减少你的怒气吗？几乎不可能！

为了证明这点，打个比方。假设你很想提高自己的网球技术，因此请了一个教练。这个教练在几次课程后，知道你打不好网球的某些原因。他指出，你握球拍的角度有点不对，而且，你击球的姿势不灵活、不准确。

如果教练花上几个月时间，弄清楚你是如何形成这种不正确的打球姿势，这样有用吗？可能你的握球拍方式是在夏令营与你姐姐打网球时形成的，你击球的站姿是五年级时在体育馆打球时形成的。弄清楚这些，对提高你的球技有帮助吗？几乎没有！弄清楚你是在什么地方，如何形成不正确的打球姿势，对提高你的技术根本没有帮助。

花时间学习、练习新的握球拍方式和击球姿势会更有用。当然，由于你已经适应旧的打球习惯，在刚开始运用这些新技巧时会感觉不顺手。但是，经过反复练习，你会习惯新的握球拍方式和击球姿势，你的网球技术也会提高。

当然，为了减轻愤怒，首先需要意识到自己做错了什么。但是研究自己的错误是如何形成的，起不了多少作用。学习并实践新的思维方式和行为方式可以帮助你更好地控制情绪。

当然，可能你在孩童时期遭受过虐待、忽视，这使你变得很愤怒。但是现在还专注于过去那些可怕的受虐待经历，对你的健康并无益处。相反，学会重新看待这些经历，挑战那些认为过去经历造成愤怒的想法，会帮助你减轻愤怒。

误区之五：外部事件惹你生气

当人们生气时，通常不会为他们的感觉负责任。有多少次你这样想或这样说："是他让我生气的""她气死我了""他们让我很恼火"？这些话表明你认为自己的愤怒情绪不是受自己控制的，你只是一个无助的受害者，你的情绪根据周围人对你的态度而起伏不定。

如果外部事件真的是使我们生气的原因，那么对同样的事情，我们每个人的反应都应该是一样的。假如，有 10 个人因交通堵塞被堵在路上，结果来不及参加一个重要会议。这 10 个人对这件事的反应会一样的吗？当然不一样。

有些人可能会很生气、按喇叭、冲其他司机大叫，还会想："这些讨厌鬼怎么开车的？我真想杀了他们！"另外一些人可能会生闷气："为什么我不给自己充裕的时间呢？我应该早点出发的。我真是一个白痴！"还有些人会保持冷静，提醒自己："这样的事情对大多数人只是偶尔发生。太糟糕了！"

对同一件事，不同人的反应是不一样的。事实上，对同一情况，你的反应也不是每次都一样的。这些不同的情绪反应说明了什么？多数情况下，你对发生的事情的看法决定了你的情绪反应。生气时，你觉得沮丧是很自然的反应。你的愤怒似乎是对外部事件的即时反应。然而，你很轻易就能察觉那些使你产生愤怒并沉浸在其中的信念，关于这点我们会在本书中详细分析。你的愤怒情绪是你自己造成的，不是那些你认为很讨厌的人让你生气。确实是这样的！

为了有效减轻愤怒，更理性地面对生活中的困难，要放弃这种观点：认为使你很自然地生气的是不公平的状况、难相处的人、巨大的挫折。是的，这些情况确实让你生气，但是在很大程度上你的愤怒是你自己造成的。承担这个责任是有效应付愤怒情绪极其重要的第一步。

我们发现，上述五种错误信念是寻求帮助的来访者最普遍的几种信念。除此之外，还有很多关于愤怒的错误信念，卡罗尔·塔夫瑞斯（Carol Tavris）、巴德·奈（Bud Nye）与其他一些作者都曾经做过分析。然而，目前第一步要先了解我们论述的五大误区，然后在接下来的几章中继续学习忍受或者消除愤怒情绪的方法。

第3章

理性情绪行为疗法 ABC 理论

了解并运用理性情绪行为疗法 ABC 理论来解决愤怒问题，效果比你能够想象得更令人满意。理性情绪行为疗法并不是什么神奇的公式，而是一种解决实际问题的方法。

理性情绪行为疗法是如何形成的？这种方法与其他心理疗法有何不同？

我（阿尔伯特·埃利斯）在临床研究和实践中创造了理性情绪行为疗法准则。后来，这些准则为几百个实验研究所证实。我在作为治疗师的职业生涯中，运用了很多方法治疗来访者。多年的临床研究经验让我明白，多数流行的治疗方法——尤其是传统的心理分析法（我有好多年一直用这种方法）——效果不佳，对来访者和治疗师来说都太费时间、费金钱。因此，从 1953 年以来，我开始寻找更有效的治疗方法。

理性情绪行为疗法的很多准则不仅源自心理学理论，还源自哲学知识。从年轻时起，我就将哲学作为一大业余爱好。我发现将结合某些哲学原理进行治疗，能够在更短的时间对来访者产生更好的效果。

因此，1955 年 1 月，我创造了理性情绪行为疗法，并从那时开始培训几千名治疗师。20 世纪六七十年代，在我的带领下，艾伦·贝克（Aaron Beck)、大卫·伯恩斯（David Burns)、威廉·格拉瑟（William Glasser)、马克西·莫尔茨比（Maxie Maultsby Jr.)、唐纳德·梅肯鲍姆（Donald Meichenbaum）与其他一些杰出的治疗师开始研究认知行为疗法（CBT)，这种方法与理性行为疗法有诸多相似之处。认知行为疗法是治疗的一般形式，效仿理性情绪行为疗法，并运用了很多理性情绪行为疗法的理论及实践方法。但是，认知行为疗法不像理性情绪行为疗法那样强调人们的绝对化思维，也没有后者那样注重情绪和经验。这本书不仅论述如何具体运用理性情绪行为疗法，而且论述如何运用认知行为疗法来解决愤怒和其他情绪问题。

由于我们是执业治疗师，自然会建议你找称职的理性情绪行为疗法或认知行为疗法的治疗师（如果你有严重情绪问题的话）。但是我们发现，你也可以运用理性情绪行为疗法为自己治疗。在这本书中，我们将分析你如何通过绝对的、命令式的思维方式，在很大程度上形成了愤怒情绪。因此，如果你知道如何察觉并控制自己的想法，就可以减轻具有毁灭性的愤怒情绪。

理性情绪行为疗法有一套自学法，即使你处在不寻常的艰难状况下，也可以帮你应付愤怒情绪。即使在你受到不公正的对待或欺骗的情况下，也行得通吗？是的，即使是在那种情况下！

为了说明如何有效控制强烈的情绪，如生气、愤怒、报复，先举个例子。假设杰克与琼答应与你合租一套公寓，并共同承担房租，条件是你将公寓修理好，并配好家具。你同意了，费了不少功夫，花了不少钱修理公寓，并买了家具。但最后他们却跟你说，他们另有计划，不能履行之前的约定。你感到非常生气，你不仅花了不少钱，还要马上找人合租公寓。

如何有效地应付愤怒情绪呢？开始你可能会忍着。由于杰克和琼仍然是你的朋友，隐藏在你心底的愤怒极大影响了你们的友谊。这样做解决不了任何问题，而且你的愤怒情绪会影响你做其他事情。忍的办法行不通。

也许你想当面跟他们说清楚，坦率地说出你的感受："我不会让你们这样对待我！你们说过，如果我整修好公寓并买好家具，你们会与我合租。如果一开始你们不同意与我合租，我根本不会去做这些事情。你们这样对我太过分了，这种行为太糟糕了，你们怎么可以这样对待一个朋友？我从没有这样对你们，如果你们对别人这么差，我真不知道你们能有什么朋友。"

说出你心中的愤怒后，你可能会使杰克和琼明白，他们这样对你是错误的。但是你不但谴责了他们的行为，还谴责了作为行为者的他们。这样做很可能迫使他们为自己辩解，拒绝接受你的谴责，并且生气地进行反击。

不要忘了一点，杰克和琼与大部分人一样，可能会产生强烈的自责心理。当你指出他们的错误，他们的感觉会很糟糕，比你希望他们感到的还要糟糕。不管你的措词如何，你的责备会让你的朋友们感到很内疚，他们反过来也常常想让你内疚。所以，说出你内心真实的愤怒感受会伤害你自己和朋友。

另一种方法是采取基督徒式的宽恕的态度，人家打你右脸，你把左脸也转过来由他打。但是我们生活在一个充满剥削、利用与敌意的世界，这种方法不切实际。如果你这样做，别人就不会怕你，可能会进一步利用你的被动与善良。你的行为可能很高尚，但是这并不意味着别人会尊重你，像你对待他们那样对待你。

分析上面两种解决愤怒的方法，你会发现，虽然每一种方法在某些情况下行得通，但如果将其应用到所有情况，就会出现问题。因此，我们需要找到其他方法，让你应付困难处境，让你在不需要撒谎，不会受到他人的怨恨和反击，不会使自己遭受更多的不公平对待的情况下，得到你想要的结果。

这样说准错不了：不存在应付破坏性的愤怒情绪的完美方法。但是，让我们告诉你一些理性情绪行为疗法和认知行为疗法的常用技巧，这些技巧在过去 40 多年中成功地帮助人们处理愤怒情绪。如果你认真考虑并试着运用理性情绪行为疗法和认知行为疗法，如果你运用这两种方法已经练习了一段时间，我们相信，你能学会有效控制愤怒，如同我们之前帮助过的很多来访者一样。

如何运用理性情绪行为疗法控制愤怒呢？我们先来分析理性情绪行为疗法的 ABC 理论。

首先分析 C，**情绪或行为结果**（the Emotional or Dehavioral Consequence）：你的愤怒情绪。

再分析 A，**诱发事件或逆境**（the Activating Experience or Adversity）：琼和杰克不能遵守与你的重要约定。

从 A 和 C 的内容来看，似乎是 A 导致 C。但是，根据理性情绪行为疗法，虽然这个诱发事件直接影响情绪结果——愤怒，但却不是愤怒的真正原因。仔细分析 A 和 C 的关系（本书一直会贯彻这种分析方法），就会发现，你的朋友们没有遵守约定给你带来不便，让你很失望，因为他们使你不能得到你想要的结果。但是仅仅是他们不遵守约定这一点，不一定会使你生气。事实上，他们的做法很难让你生气！

如果C——愤怒，是由A直接导致的，那么我们可以认定，无论什么时候你碰到A这样的情境，在C阶段你总是产生同样的情绪。然而，事实并非如此。例如，我们知道，水在达到一个温度点就会沸腾，在另一个温度点会结冰，这点在所有的情况下都是一样的。但是人的情况不一样，别人对某种特定情况的反应常常让我们感到奇怪。例如，我们听说有些犯罪受害者，不但不与当局合作，将罪犯绳之以法，反而帮助攻击者，使其避免受起诉。分析同一类犯罪案例中的100名受害者，会发现他们的反应很不一样。有些受害者会采取宽恕态度，有些则要求罪犯受到最严厉的惩罚，还有些受害者的反应处于这两种极端反应的中间。虽然情绪结果受诱发事件影响，但诱发事件不是情绪结果的直接原因。

当然，我们可以在一定程度上选择和控制自己对不同情况的反应。面对不公正的事情，如果我们认识到，对不公正的事情可以有多种可选择的反应，那么我们就不大会采取愤怒的反应。在A和C的中间存在信念（B's）。关于A的信念在很大程度上决定了我们的反应。越是深入了解关于A的信念，我们就越可能做出有利于实现目标的选择。如果仔细考虑A阶段的逆境，我们就不会在C阶段做出冲动或愚蠢的反应。不幸的是，我们很少会慎重考虑问题，因此我们一开始的想法对行动和反应的影响很少会有所改变。

和其他人一样，你也已经形成一套**信念体系**（B），依靠这套信念体系做判断及评价。尽管你有自己的信念体系或价值体系，但是你的很多信念与你所处的家庭和社会文化中的其他人的信念相似。作为一个个体，你可能同时拥有很多不同的信念体系；生活在一个不断变化的社会里，有时候你会为了快乐和利益而彻底改变自己的感觉和信念。

你个人的信念并不完全是你自己的。你的很多关于好坏、对错的观点是从你的长辈和你所处的社会群体中汲取的。

虽然在C阶段，你的信念体系会极大地影响你的反应，但是信念体系（B）不是决定结果（C）的唯一因素。A也会影响你的反应。C等于A乘以B。就算你很努力，你也无法对A产生影响。幸运的是，你可以改变B，这点我们将会在下面的内容中分析。

你的经历是没有固定的价值的。是你赋予经验以价值。评估经历是出于你的本性。你渴望的、喜欢的经历，你就认为是“好”的，不喜欢的经历就认为是“坏”的。一旦你对经历（A）做了评估，产生了信念，你的信念就决定了你对A的感觉和行为。

知道A和C，你就能轻易弄清楚B是什么，能够更好地处理C，尤其是处于具有毁灭性的自我责备与愤怒中的时候。首先，你对经历的不公平的事情（A）而愤怒（C），然后很快明白，是你的非理性信念（Irrational Beliefs，IBs）导致C这个结果，接着进入D阶段——质疑（Dispute），即质疑非理性信念的正确性与有用性。这点我们将在下一章论述。

从C（结果）开始，你知道愤怒情绪（或其他让自我挫败的情绪）是由A阶段“负面”经历而来。你还知道，你的信念体系严重影响了你在C阶段的感觉。这时，理性情绪行为疗法就可以帮助你发现，什么信念使你产生愤怒的负面感觉，如何分析这些信念的非理性，从而改变信念。理性情绪行为疗法会让你明白，有用的信念或理性的信念让你感到遗憾、失望，而不是愤怒，而让自我挫败的信念或非理性的信念使你对逆境感到愤怒，你可以质疑非理性信念，让自己拥有健康的情绪，不再感到愤怒。

第4章

理性信念与非理性信念

在这一章中，我们将分析有益的理性信念和无益的非理性信念的主要类别，并分析如何认识和改变那些让自我受挫的信念。首先，我们来探讨一下理性情绪行为疗法 ABC 三个阶段中的 C 阶段，即结果。如果在 A 阶段，生活中发生了让人不快的事情，那么在 C 阶段，会产生两类负面情绪：

- **健康的负面情绪**：如失望、遗憾、挫败感。
- **不健康的负面情绪**：如抑郁、恐慌、愤怒、自怜、低挫折容忍力。

虽然现在还没有这两类负面情绪的严格定义，但有一点可以肯定：健康的负面情绪和行为能够帮助我们克服障碍、实现目标，让我们开心地生活，有所成就，免受不必要的挫折和痛苦；而不健康的负面情绪会阻碍我们实现目标。

同时，可以将信念体系分为两大类：

- **建设性的信念或理性信念**（RBs）；

- **毁灭性的信念非理性信念**（IBs）。

我们完全可以认定，每个人都有不少理性信念，否则人类很难生存下来。如前所述，我们大部分理性信念与非理性信念都是从长辈那里学来的。但是，乔治·凯利（George Kelly）、让·皮亚杰（Jean Piaget）和其他一些人认为，不少信念是我们自己形成的。为什么我们会形成这些信念呢？原因在于我们擅长解决问题，很容易产生一些自助或自毁的想法。

如果在A阶段，发生了不幸的事情——诱发事件或逆境，那么在C阶段，你会感到困扰（情绪结果），这时你同时具有理性信念和非理性信念。如果理性信念胜过非理性信念，通常你不会感到困扰（焦虑或生气）；如果非理性信念胜过理性信念，通常你会感到深受困扰。

回到前面的例子，看看你是否能够形成理性信念。由于杰克和琼不遵守一个重要的约定（A阶段），你感到很生气（C阶段）。你可能会产生这样的想法（B阶段）："他们这样做太过分了。这两个卑鄙的家伙对我太不公平了，他们实在太糟糕了！"这种想法貌似合理，但仔细一想，就会发现，表面上这只是一个想法，但实际上包含了两个相互矛盾的想法。

首先，你这样想："他们这样做实在太过分了。他们让我的计划泡汤了，不仅给我带来极大不便，而且置我于一种很尴尬的境地，这太不公平了。"你认为杰克和琼对你做了一件很过分的事情，这种想法看似很有道理。

其次，你告诉自己："这两个卑鄙的家伙对我太不公平了，他们实在太糟糕了！"你认为杰克和琼的做法不仅"过分"，而且"糟糕"，这种结论是非理性的。原因如下。①以“糟糕”形容他们的行为，表示你认为他们的做法是完全错误的，错得不能再错了。这种说法夸大事实，因为实事求是地讲，他们的做法没错到那个地步。②你在强调，他们的行为太过分了，绝对不应该发生，他们没有权利这么做。而实际上，他们这种不公平的行为肯定发生了，事实上确实发生了。而且，他们确实有权利做对的或错的事情，他们有做错事的自由，只要他们愿意，错得多离谱都可以。③你声称杰克和琼做了一件很不公平、很糟糕的事情。以通常的标准来看，你的想法没错。但是你说他们是卑鄙的家伙，他们的本质现在是，很可能以后也都是卑鄙的。这种想法以偏概全，过于夸张！④你把他们往坏处想，指责他们的人品，这会产生什么结果呢？结果就是将自己置于一个很难堪的处境，类似于他们受你谴责所处的境地。你会感到很愤怒，可能还会做些傻事，你的反应很可能会激怒他们，最后给大家带来不必要的不愉快。

你有没有发现，自己的反应（准确地说，是过激反应）会带来不利后果？好好想想吧！

当非理性信念占了上风，你会无视现实，缺乏逻辑思维，引起不必要的麻烦，产生不明智的情绪，导致行为失当。除非你意识到并改变自己的非理性信念，否则很难控制愤怒，很难正确处理其他让你困扰的情绪。这需要很多改变情绪的技巧以及改进行为的方法。**但是，如果你希望有效地改变自己的情绪和行为，最好从改变信念体系入手。**

回顾上面的例子。在A阶段，琼和杰克对你很不公平，他们没有遵守一项约定。

- 如果运用理性信念系统，你会这样想："我不喜欢这样。真希望他们没有这样不公平地对我。"
- 在 C 阶段，你会有一个健康的情绪结果，只是感到失望、不开心、不舒服。
- **理性信念：**"我不喜欢事情变成这样。"健康的负面情绪：失望、沮丧、遗憾。

相反，如果你在 C 阶段表现得很愤怒（不健康的情绪结果），你就需要运用理性情绪行为疗法找到导致愤怒的非理性信念。

为了发现和根除非理性信念，需要运用理性情绪行为疗法中的质疑方法（D），发现 B 阶段不现实、不合逻辑的信念。将愤怒纳入理性情绪行为疗法的框架中，通过分析 A 阶段和 C 阶段的情况，你就会发现自己的理性信念与非理性信念。例如，其中一个理性信念是："杰克和琼真讨厌，跟我约好了又反悔。"这种想法确实有道理，每个人都会认同。你认为他们的行为很讨厌，这样你只是感到失望，而不是毁灭性的愤怒。

继续分析你的想法，看看你还想了些什么。你还告诉自己："琼和杰克这么不负责任，真是很糟糕！这太不公平，太糟糕了！"这种想法乍看上去似乎不是没有道理，但它实际上是导致我们产生愤怒情绪的四大非理性信念之一。你认为他们的行为很糟糕，其实是将不公平与糟糕等同起来，而这两者是有区别的。

导致我们生气、愤怒甚至产生杀人念头的四大非理性信念是什么呢？

1. 别人怎么可以不考虑我的感受，对我这么不公平，这简直糟透了！

2. 我无法忍受他们这样对待我！

3. 他们绝对不应该、不可以这么过分！

4. 他们这么坏，实在太糟糕了，不配过好的生活，应该受到惩罚！

这些自寻烦恼的信念都倾向于将他人的“不良”行为与其人品挂钩。这种信念隐含着这样的想法：只有“好人”才会做好事，那些“坏事”都是由“坏人”干的。由此推导出更加离谱的想法：一个人如果做了被他人认为是“坏”的事情，那么这个人就是个“坏人”。一个“好人”不会做任何坏事，因为他是一个“好人”，只会做“好事”。同样，一个“坏人”不会做任何“好事”，因为他是一个坏人，只会做“坏事”。

事实上，我们知道有些被认为是负责任的好人经常对他人不公平。同样，有些人在多数情况下对他人很公平，却经常被认为是“坏人”。因此，我们要警惕这种以偏概全的思维方式。

回到前面的例子，你对琼和杰克感到很生气，认为他们是坏人，因为他们做了一件坏事。运用理性情绪行为疗法，你会发现自己不健康的情绪结果——愤怒，源于你将他们不负责任的行为与他们的人品挂钩，因他们的行为而不公平地谴责他们的人品。如果理性地思考问题（这样对自己和他人都有利），你就会认为琼和杰克的行为对你很不公平，但不会因此将他们贬低为“糟糕的家伙”。

如果你认为琼和杰克的行为（而不是他们的人品）很讨厌，他们不守约定给你造成很大不便，你就会明智地做出决定：以后不再和他们做任何约定。当你不再感到愤怒时，就有可能与他们重新建立良好的关系，因为你还是认同他们身上的其他优点的。由于你没有完全否定他们，他们会意识到你处理这件事的公正立场，进而尊重你，可能今后会公平地对待你。

从这个例子可见，理性情绪行为疗法不仅能够阻止愤怒带来的毁灭性后果，而且为在互相尊重的基础上重建良好关系奠定了基础。如同之前指出的，愤怒的直接后果之一就是失去原本亲密的人际关系。

到此为止，我们已经解释了理性情绪行为疗法的基本原则。下一章将分析各种洞察非理性信念的方法，这些非理性信念在很大程度上导致毁灭性愤怒的产生。

第5章

如何发现非理性信念

深入分析过去和当前的行为会很有意思。但这还不够！最初是什么使你发怒，为何你现在还是很愤怒，弄清楚这两点很重要。通过理性情绪行为疗法，你就会明白这两点。

在这一章中，我将分析是什么使你产生毁灭性的愤怒情绪：之前你做了什么，现在又做了什么，今后还可能会继续做什么。更为重要的是，我们将告诉你，如何运用这种分析改变那些让你产生愤怒情绪的想法和行为。

理性情绪行为疗法是否与心理分析疗法类似？当然不是！理性情绪行为疗法更深入、更有效。如果由一个心理分析师来治疗你的愤怒情绪，他很可能会花上几年时间，分析你的家人在你小时候是如何不公平地对待你，使你很愤怒，因而你将这种愤怒情绪发泄到如今与你关系密切的人身上，从而让自己深受困扰。

即使这种观点是正确的，它真的能够帮助你吗？不可能！这种观点充其量告诉你，最初是什么情况引发了你的愤怒，并且现在还让你感到愤怒；但并不能让你明白，你过去和现在对这种状况所持有的想法，也不能让你改变那些想法。

理性情绪行为疗法会分析，你对小时候受到家人不公平对待有何想法，以及你对目前所受到的不公平待遇的看法。这种疗法让你认识到，不管你在童年时受到怎样不好的影响，但如今你仍然让自己继续受影响。而作为一个懂得思考的人，你应该彻底改变那些让你愤怒的想法，而且要马上改变才行。

理性情绪行为疗法胜过心理分析疗法之处在于强调了一点：作为一个成年人，你可以进行有意识的选择。你——而不是你的家人或其他人——现在可以做出选择。作为一个成年人，你有能力决定自己的想法、态度、行为。在很大程度上，你能够根据自己的意愿安排生活，只要你着手这么做的话。

很多参与治疗的来访者告诉我们，他们的非理性信念来自父母。这种说法是有道理的，但他们自己仍然选择保留这些非理性信念。而且，理性情绪疗法强调，小孩子和大人一样，具有创造能力。小孩子有他们自己的愿望和喜好，部分是受父母和文化的影响，同时他们经常将这些愿望和喜好转化为让自己受挫的要求和命令——绝对应该如何、绝对必须如何。因此，小孩子通过学习，同时通过自己创造性的行为，使自身成为自我挫败的“绝对主义者”。人们的信念部分来自小时候形成的想法，这些想法在他们成年后并没有放弃。另外，他们自己创造性地发明了扭曲的思维方式。

现在，让我们运用理性情绪行为疗法，发现和改变那些阻碍我们实现目标的非理性信念。在上一章，我们分析了对不幸事件（A 阶段）做出的让人困扰的反应（C 阶段），在很大程度上是由非理性信念导致的。现在我们要问的是：B 阶段到底包括哪些内容？更重要的是，你持有什么样的理性信念和非理性信念?

有两种方法可以确定你的理性信念和非理性信念。首先，你问自己:“在C阶段感受到让人困扰的情绪之前，在B阶段我是怎么想的?”如果答案不明确，可以试试第二种方法。你知道A阶段和C阶段的内容，如果C阶段的结果是不健康的情绪，如愤怒、焦虑、抑郁，那么你可以认定，某种非理性信念影响了你的情绪。我们已经罗列出导致愤怒的四大非理性信念。这里，再重复一遍:

1. 你这样对我太糟糕了!
2. 我无法忍受你这种不负责任的行为!
3. 你不应该、不可以这样对我!
4. 你不应该、也不可以这么做，但你还是这样做了，因此你是个坏人，要受到严厉惩罚!

这些都是在愤怒情绪下产生的想法，但如果你在C阶段感受到的是焦虑情绪，这些想法也适用，只是会有点不同。当你担心不能得到自己想要的东西(如成功或快乐)，而你又要求或命令自己必须得到这些东西，这时你会感到焦虑。焦虑通常源自你对自己的非理性信念，而愤怒源自你对他人的非理性信念。

回到前面的例子。你辗转听到消息，杰克和琼不想遵守之前与你的约定。假设你是从一个朋友那里听到这个消息的，你不是很确定他们是否真要这么做，因此犹豫着是否要质问他们。在A阶段，你以为他们可能会违背约定，但还不确定。在C阶段，你感到很焦虑。在很大程度上使你产生焦虑情绪的非理性信念是什么呢?很可能你会产生如下非理性信念。

1. 杰克和琼要是不遵守约定就太糟糕了！我不知道该怎么处理这套公寓，这实在太糟了！
2. 在这种情况下，我无法忍受他们给我造成的不便！
3. 我本不应该让自己被他们拖进这种困境，我实在太懦弱了，竟允许发生这种事！
4. 我必须处理好这件事，如果做不到，说明我太差劲了。我活该受到这样的对待，因为我本来应该能解决这件事，结果却解决不了！

由此可见，上述那些使你焦虑的非理性信念与那些让你愤怒的非理性信念很相似。主要的区别在于：你的这些信念是针对自己的，而不是针对杰克和琼。

在C阶段，另外一种情况也可能使你产生不健康的负面情绪，让自己烦恼。杰克和琼不想违背与你的约定，但是他们被调到另外一个城市上班，只能离开这里。你知道他们对此事也没有办法，要想保住工作，他们必须搬走。你能够理解他们的决定。虽然你没有生他们的气，但你发现自己在C阶段很沮丧。你可能会产生如下非理性信念。

1. 事情怎么会变得这么糟糕！
2. 事情变成这样，我真受不了！
3. 事情不应该是这样的，这对我来说太麻烦了！
4. 什么事情都不如意。生活对我总是那么不公平，生活不应该是这样的！

上述想法显然是非理性的，让自己很受挫。但当我们情绪低落时，通常会产生这样的想法。这说明，导致愤怒、焦虑、抑郁情绪产生的非理性信念很相似。产生愤怒的非理性信念责备他人，产生焦虑的非理性信念责备自己，产生抑郁的非理性信念有时候责备客观条件。

理性情绪行为疗法的治疗师会听到很多非理性信念，这些非理性信念使人感到愤怒、焦虑、抑郁。分析发现，这些非理性信念可分为三大类“强迫性”信念。①导致焦虑和抑郁的信念：“我必须做得很好，而且要受到重要人物的认可！”②导致愤怒的信念：“你必须友好地、公平地对待我！”③导致低挫折容忍力、愤怒、抑郁的信念：“事情必须像我希望的那样！”这些教条式的“必须”似乎是所有神经官能症的基本特征。通常这些“必须”的内容都是无法实现的，这使得有强迫性思维的人得出一些貌似“合乎逻辑”的结论。

1. **把事情想得过于糟糕**：“我做得这么差（我原本绝对应该做好的），实在太糟糕了！”“你对我这么不好，太糟了，而你本来绝对必须多为我着想的！”
2. **无法忍受**：“你对我这么坏（你绝对不该这样对我的），我无法忍受！”“情况变得太糟了（本来绝对不应该变得这么糟的），我受不了了！”
3. **真该死**：“我做得这么差（本来我绝对不应该做得这么差的），我是个该死的很差劲的人，理应遭受痛苦！”“我太愚蠢了，太无能了（本来我绝对不应该这样的），我是个没有价值的、无用的人！”“你这样对我太过分了，太不公平了（你绝对不应该这样对我的），你是一个该死的坏蛋！”
4. **极端思维以及过分概括化**：“如果几次都不能实现这个重要目标

（我绝对不应该这样的），我就会一直失败，永远不会成功，这证明我不优秀！”“如果你对我这么不好，这么不公平（你绝对不该这样对我的），你就是一个坏人，永远不会对我好！”

你会发现，自己像其他人一样，心烦的时候容易产生一两种上述想法，有时候甚至会产生上述所有的想法。你将不幸的逆境（A）想得过分糟糕；坚持认为自己无法忍受逆境；你责备自己、他人及客观条件；你想问题过分概括化，要么肯定一切，要么否定一切，不是黑就是白。你不仅将不幸的诱发事件或逆境看得太重要，而且夸大其重要性，过于认真地看待这些事情！

为什么会这样？因为人就是这个样子。不是一定要这么做，而是往往会这么做。为了生存，为了活得快乐，人们必须将几件事情看得很重要，如获取足够的空气、食物、水，还要有住所，否则他们就会死。最好再将其他一些事情也摆在重要位置，如与他人相处融洽，有一些亲密的人际关系，做合适的工作，有长远目标，享受娱乐活动。否则，他们会活得很悲惨。

理性情绪行为疗法认为那些“应该如何”的想法没有错，只要它们是“最好应该如何”。你可以有这样理性的想法：“我最好能够成功，赢得别人的认可，让自己过得舒适，但是我不是必须成功。即使我失败了，没有得到别人认可，过着不那么舒适的生活，我还是能够相当开心地生活下去。”你还可以这样想：“如果我想要某个结果，如得到并保有一份工作，那么我就要去申请工作，面试时要好好表现，坚持来上班，与上司关系融洽，等等。但是我不是必须得到一份工作。只是如果有一份工作的话，就再好不过了！”

通常，命令式的“应该”“必须”思维得到的结果是不理想的（虽然不是总是这样），理性情绪行为疗法特别强调这些不理想的结果。如前所述，有三大核心要求会让你感到困扰，阻碍你的发展。这三大要求是：“我必须做好！”“别人肯定一直都做得很好！”“事情总是必须像我希望的那样！”这些要求让你毫无必要地生气、焦虑、抑郁，你几乎总是将渴望升级到假想的需要，将最好怎样升级到必须怎样，将相对的愿望升级到绝对的命令。

你一旦感觉到情绪上的困扰，往往会动用这些强迫性思维中的一种或两种甚至三种想法。很多人的情绪问题与其内在的需求关系甚微，或者根本没有关系，而是源自这种强迫性的思维形式和行为形式。我们与几千名有不同程度的抑郁情绪的来访者交谈过后，发现没有人不是自己制造了那些不必要的情绪困扰。

实际上，每个人都有很多非理性信念，其中任何一个非理性信念都会给他们带来麻烦。如前所述，所有的非理性信念都可以分为三大类强迫性信念。现在我们来分析非理性信念的几种常见的变化形式，这些信念会影响或导致情绪困扰。

自己必须成功与获得认可的非理性信念

“我必须做得很好，赢得他人的认可，不被人拒绝，否则我就是一个很差劲、很无能的人。”

你一旦像很多人那样产生这种想法，就可能推导出以下结论：“如果我是个很差劲的人，我几乎不可能或永远不会做成什么重要的事情，既然如此，何必努力去做呢？”

这种必须成功与获得认可的非理性信念只会产生适得其反的效果，因为这种信念通常带来强烈的焦虑感、抑郁、无用感、自我憎恨、逃避、拖延症、压抑以及其他退缩行为。

更糟的是，当你要求自己必须做好，必须获得他人认可时，其实你已经在退步，并且产生了情绪上和行为上的问题。对出现的症状，你不断地强迫自己这样想："我一定不能感到焦虑！我必须避开可能会让我失败的事情！"于是产生了第二个关于前一个症状的症状，即对自己的焦虑情绪感到特别焦急，或对自己的抑郁情绪感到特别抑郁。这样，你就让自己的烦恼加倍了！

他人必须如何的非理性信念

"他人绝对要对我好，为我着想，完全如我希望他们对我那样地对我。如果他们不这么做，那他们就是坏家伙，让他们见鬼去，他们应该为自己的恶劣行为受到惩罚。"

这些非理性的绝对信念经常让你变得容易生气、惹人讨厌、小气、好斗、报复心强，当然也经常让那些你不喜欢的人对你更不好。你可能时常告诉自己："我不应该生气，不应该有报复心理！"这样的话，你又在为自己生他人的气而生气。

客观条件必须如何的非理性信念

"这个世界（以及世界上的人）必须是这样的：我可以得到任何想要的东西，而且我想什么时候要都行。事情必须如此：我不喜欢的东西就不要，而且，我想要的东西必须很快就能轻易得到。”

这些让自我挫败的要求使你的挫折容忍力低下，或让你感到困扰、苦恼。如果你执著于这种想法，你会对恶劣的条件感到气愤，而不是去改变或解决问题。你会感到抑郁、无助，想要放弃、退缩，抱怨或是大叫事情太糟糕了，你无法忍受了。然后你又会因自己的低挫折容忍力而责备自己。

当然，这三大类核心的非理性信念有很多变化形式。如果我们持有这类信念，就会产生以下这些结果：把事情想得过于糟糕，“我无法忍受”的想法，责怪自己或他人，不必要的过度概括化。

How To
Control Your Anger
Before It
Controls You

第6章

理性情绪行为疗法的三大洞见

我们从理性情绪行为疗法的一个基本原则开始：他人也许真的想惹你生气，但是正如埃莉诺·罗斯福（Eleanor Roosevelt）所说，别人想要让你觉得自惭形秽，也要你自己同意才行。通常都是你让自己生气。你产生关于他人的“不公平”行为的非理性信念，从而让自己生气。这一章论述理性情绪行为疗法用来分析非理性信念的三大洞见。

洞见一：你的愤怒情绪可能与你过去的经历有某种关联，但是这种关联性不像弗洛伊德和其他心理学家所说的那么强。当你感到愤怒时（在C阶段），让你生气的逆境（A）影响愤怒这个结果的产生，但不会直接导致愤怒的产生。相反，**你当前关于“不公平”境遇的信念在很大程度上直接导致愤怒的产生**。你早期的创伤可能是愤怒产生的一个重要因素，但不是关键原因。你目前的逆境与你关于这个逆境的当前的信念更为重要。当然，你会发现这种观点与其他治疗方法明显不同。

我们并不是说，你过去的经历对现在的行为没有影响。例如，研究者发现，比起没有被父母亲严厉惩罚过的孩子，被父母严厉惩罚过的孩子终其一生都更容易发怒，行为更粗暴。这说明，一个人早期的教养与他后来的行为有一定程度的关系，但这种关系不是决定性的。

除了早期环境的影响，我们还要考虑到基因因素。在不利环境中长大的孩子，变得越来越愤怒、暴力，除了后天因素，还有遗传因素。如果父母亲遗传了攻击性的脾气，很可能会将这种性格遗传给他们的孩子。这样的话，父母亲会以严厉的措施对待孩子的攻击行为，反过来又加强了孩子的暴力倾向。这就形成了暴力的恶性循环，导致更多暴力。理性情绪行为疗法就是要打破这个循环。

第一个洞见强调你现今信念的重要性。理性情绪行为疗法不会细究你是如何形成这些信念的。你在童年时期从父母和长辈那里接收到的教义，可能会在很大程度上影响你现在的信念。但是，如前所述，不管当初你是如何形成这些信念的，现在你可以改变。因此，发现你的非理性信念是如何形成的很有意思，但是更为重要的是要知道现在你有哪些非理性信念，并想办法去改变这些信念。

洞见二：不管你最初是如何形成让自己受挫的非理性信念，现在你仍然保留这种信念，不断重复这些信念，以不同的方式强化、实践这些信念，拒绝挑战这些信念。他人可能促使你形成非理性信念，甚至将一些非理性信念灌输给你，但是你还抱有这些信念的主要原因是，**你依然向自己强行灌输这些信念。**

第二个洞见包含密切联系的两个观点。第一，你还坚持原先那些让你愤怒的非理性信念，不断重复并实践这些信念。你这么做似乎是不自觉的、无意识的，但仔细分析就会发现，你其实是一直在积极地重申这些信念。当你恨某人时，感到愤怒似乎是很自然的事情，但其实你在不断告诉自己，这个人绝对不应该这样做，他的所作所为说明他是个极坏的人。通过这种方式，你积极地保存着原先的非理性信念。

第二，根据理性情绪行为疗法，导致愤怒的最初的挫败感与你后来长时间保持愤怒之间的关系甚少。让你一直愤怒的是你关于最初的挫败感的看法，而不是使你挫败的事情。

假设你小时候受到父母虐待，因此变得很愤怒。如果你现在还恨他们，你很可能不断对自己重复多年前就形成的信念："他们在我小时候这样虐待我，太不公平，太残忍了。他们绝对不应该、不可以这么做！他们是多么坏的家伙啊！"

除非你不断对自己重复关于之前遭遇的非理性信念，强迫自己坚持这些信念，否则你很可能不会再对父母怀恨在心，尽管你还记得并不喜欢他们对你的所作所为。所以说，让你一直愤怒的是你长期以来持有的关于过去逆境的看法，而不是逆境本身。

洞见三：根据理性情绪行为疗法，要想改变受困扰的情绪和行为，以及那些导致这些情绪和行为的信念，**必须坚持努力做大量练习**。不管你有多深刻地认识到你的非理性态度和行为具有自我挫败的本质，你的这种意识没有多大帮助，除非你有效地质疑并挑战这些想法。而不经过大量练习，你很难做到这点。

你所有的信念，不管是理性的信念还是非理性的信念，都有强弱程度的区别。例如，你可能会有某些迷信信念，只是迷信的程度不同。虽然，理性告诉你黑猫和破碎的镜子不会带来坏运气，但你还是会避开它们，因为你还是相信它们会带来坏运气。这说明，告诉自己某事是理性的与真正相信某事是理性的有相当大的区别。

因为信念也有强弱之分，所以你最好在 D（质疑）阶段强烈质疑非理性信念。不管你在多大程度上认识到一个信念是非理性的，这种认识起不了多少作用，除非你想出好的办法，质疑非理性信念。除非你强有力地质疑非理性信念，否则你还是会保持这些信念。仅仅是认识与知识，通常没有多少价值。

记住，你越是坚持强烈质疑那些导致焦虑与愤怒的非理性信念，你就能够越快地改变这些信念。下一章将论述质疑与挑战非理性信念的基本策略。

第7章

质疑非理性信念

理性情绪行为疗法中的 D 代表质疑。第一步，发现诱发经历或逆境（A），以及你受困扰的情绪结果或行为结果（C）。第二步，发现关于 A 的理性信念与非理性信念。第三步，明确承认，你受困扰的、不健康的情绪结果或行为结果是非理性信念造成的。第四，坚持强烈地质疑非理性信念。

心理学家基肖尔·斐克（Kishor Phadke）在孟买从事理性情绪行为疗法的治疗，他将质疑分为三阶段：

- **查明**
- **辨别**
- **辩论**

非常正确！质疑大致由三方面组成：查明你的非理性信念，辨别理性信念与非理性信念，针对非理性信念进行积极辩论。到目前为止，我们已经讨论了愤怒的 ABC 三个阶段，分析了如何发现导致愤怒情绪的非理性信念。现在我们要分析如何区分理性信念和非理性信念，以及如何质疑非理性信念。

在质疑之前，让我们回顾一下，当你感到愤怒时可能产生的四大非理性信念，注意每一种非理性信念都与理性信念并驾齐驱，但是可以将两者区分开来。当你受到别人冒犯时，理性信念产生的是健康的负面情绪，不是愤怒情绪。

1. **理性信念：**“我不喜欢你辱骂我，我希望你别这么做！”**非理性信念：**“你这样辱骂我是绝对不可以的。你绝对不应该这样对我！”
2. **理性信念：**“你辱骂我，对我太不公平了，你的行为是错误的，你最好能够改正。”**非理性信念：**“你辱骂我，对我太不公平了，你绝对不应该这么做，你是个极坏的家伙，应该受到谴责和严厉惩罚！”
3. **理性信念：**“你辱骂我，让我很不舒服，你最好别这么做，我希望你为自己的行为感到抱歉。”**非理性信念：**“你用言语辱骂我，这太糟糕了，你不可以这样！没什么比这更糟的了！”
4. **理性信念：**“你很不负责任地辱骂我，这让我很不舒服，我要尽可能离你远点。”**非理性信念：**“你很不负责任地辱骂我，这让我很不舒服，你不可以这样做，我无法忍受你的行为，感到很痛苦，我无论如何也无法高兴起来了！”

在上述几段认为自己不应该受到辱骂的话中，理性信念用的是“最好如何”的表达方式，而非理性信念用的是“命令”的表达方式。首先要明确区分这两类信念的不同点，然后坚持理性信念，强烈质疑非理性信念，做法如下。

以上面提到的合租公寓的例子来说明。杰克和琼对你很不公平，你可能会有这样的非理性信念："他们给我带来了这么多麻烦，最后竟然不守约定，实在太糟糕了。"

假设你对这种非理性观点深信不疑，要想挑战这种观点，你首先要问自己："他们没有合理的理由就违背约定，这种行为为什么很糟糕？"或者更简洁点："为什么说他们的不公平行为很糟糕？"

当然，你可以说杰克和琼的行为给你带来很多麻烦，还让你花费了不少钱。确实如此。但是如果你仅仅认为他们的行为很讨厌，给你带来不利，你感到的是失望和遗憾，而不是愤怒。你将他们的不公平行为想得过于糟糕，因而产生了不健康的愤怒情绪。

你认为杰克和琼违背约定的行为是"不好的"或"不公平的"，这样想没问题，因为你们确实说好了，而他们违背了约定，损害了你的利益，破坏了你的计划。但是你认为他们的行为很糟糕，则隐含了几种很有问题的信念：

1. "杰克和琼对我太不好了。没有什么比他们对我的行为更糟的了！"
2. "他们对我实在是百分之百的坏，让我根本享受不到生活的快乐！"
3. "他们绝对不应该、不可以对我这么坏！"
4. "作为朋友，他们绝对不可以对我这么坏，而应该对我好，是朋友尤其必须这样！"

你可以质疑这些不可靠的信念，问自己以下几个问题，然后做出合理的回答。

质疑：“杰克和琼真的对我那么坏吗？真的没有什么事情比他们对我的行为更糟的吗？”

答案：“不是的。他们这样对我是不好，但不是最糟的，更糟的情况如杀了我，或者搬进来后老是给我带来很多麻烦。”

质疑：“他们真的对我百分百坏吗？我因此就无法享受生活了吗？”

答案：“不是的。他们对我非常不好，但不是百分之百的坏。而且，不管他们对我多不好，如果我不再因他们的行为而生气，我还是能够享受生活的，尽管如果他们对我公平点，我会过得更好些。”

质疑：“有什么理由要他们不应该、不可以对我不好吗？”

答案：“当然没有。他们这样对我实在让人讨厌，但他们可以做令人讨厌的事。显然这是他们的本性，他们想要对人不好就一定要对人不好。他们想要怎样，必须马上做到。讨厌的人就是这样的！”

质疑：“作为我的朋友，他们绝对不可以对我不好吗，是朋友就尤其不可以这样吗？”

答案：“废话！朋友可以像其任何人一样对我不好，有时候就是这样。显然，这种特殊的‘朋友’不那么友好。然而，他们不必一定对我好！下次，我最好不要与朋友合租公寓！”

针对别人如何对待你，或你认为别人如何对待你的情况，如果你坚持强烈地质疑自己将情况往坏处想的想法以及强迫性的思维方式，你还是会有些明显的负面情绪。理性情绪行为疗法让你“理性”，不是要你摈除所有情绪。完全不是这样的！当你碰到不顺心的事情，或者当你使事情变得不顺利时，理性情绪行为疗法鼓励你产生一些负面情绪，如悲伤、悔恨、失望、沮丧、心烦、恼怒。这些是健康的负面情绪，能够帮助你应付逆境，甚至可能克服困难，如果有必要的话，还可以体面地接受、忍受这些负面情绪。因此，你不必摈弃所有情绪。

区别那些不健康的负面情绪（如愤怒、恐惧、抑郁、自我怜悯）与健康的负面情绪；寻找、发现、质疑隐藏在不健康的负面情绪背后的强迫性思维方式以及把事情想得过于糟糕的想法。一旦你学会如何质疑和改变那些绝对化的“应该”“必须”的思维方式，以及通常伴随着这种思维方式的把事情想得过于糟糕的想法，你就可以终身受用这些理性情绪行为疗法的技巧。

理性情绪行为疗法自助表

如同我们在本书中一直强调的那样，理性情绪行为疗法教人们许多思维、情绪、行为方法，使人们忍受和减轻具有毁灭性的愤怒情绪（以及其他一些让自我挫败的情绪），而且积极鼓励学习者坚持练习这些方法。

为减轻愤怒，你要做的主要练习是经常填写附录中的理性情绪行为疗法自助表。该表格改编自英格兰的温蒂·德莱顿（Windy Dryden）与简·沃克（Jane Walker）所创造的表格。

为了教你填写理性情绪行为疗法自助表，附录提供了一份完整的样表。

How To
Control Your Anger
Before It
Controls You

第8章

控制愤怒的思维方法

摒弃将事情想得过于糟糕的想法以及强迫性思维是根除愤怒、怨恨、暴怒情绪的根本。将事情往坏处想以及强迫性思维有很多方式，一旦你告诉自己事情很糟糕，事情不可以这样，你同时在不断使自己相信其他一些相关的非理性信念。现在我们来分析这些非理性信念，以及如何最大限度地改变这些信念。

前面提到过，有一种非理性信念是“我不能忍受这样”。我们经常发现这种将事情往坏处想的想法：“你不可以对我这么不公平，但是你还是这样做了，我不能忍受你这样对我！”

理性情绪行为疗法质疑阶段的辩论部分就是问自己一些问题，挑战非理性信念。主要的挑战包括：为什么，怎么样，以何方式，有何证据，如何找到证据？因此，你要问自己：“为何我不能忍受不公平的对待？”

杰克和琼没有遵守与你合租公寓的约定，你感到很愤怒，这时你完全可以这样想：“他们对我太不公平了，给我带来这么多不必要的伤害，我无法忍受他们的行为。”

现在你问自己：“为什么我不能忍受他们的行为？”你可能会觉得这件事情让人难以忍受，认为杰克和琼的不公平行为让自己经历了太多痛苦，太多折磨。你将一些痛苦和麻烦上升到太多痛苦和麻烦。“太”这个词用在此处，或多或少有种奇妙的效果。你认为自己允许杰克和琼给你带来一些困难和不便，但是不能太多。因此，你将他们给你带来的麻烦定义为太多。为什么太多？因为你是这么定义的，没有什么确切的事实依据。多数人会支持你的看法，认为杰克和琼让你相当沮丧。至于说非常沮丧，谁说的？只是你自己。

实际上，如果你认为某些挫折太过分，你无法忍受，那么你不仅要遭受挫折带来的痛苦，还要承受低挫折容忍力带来的痛苦。低挫折容忍力是指不仅仅不喜欢挫折，而且感到愤怒。这种愤怒让你觉得更沮丧。

如果对自己“我无法忍受这样”的信念进行一再辩论，你就会采取更实际的态度对待挫折。你之前相信的任何信念，现在可以拒绝相信。你无法控制存在的事实，但你确实可以控制自己对存在的事实的想法。所以说，虽然你不能控制杰克和琼对待你的方式（公平或不公平，好或不好），但是在你怎么看他们对你的不公平这一点上，你有很多选择。即使你认为他们的行为很不公平，即使其他人也认为他们对你太不好了，你还是可以选择一种更为有效的想法，如：

1. “我可以忍受这种不公平，虽然我不喜欢这样。”
2. “这样很不好，但不是很糟糕。”
3. “他们要是对我公平一些当然最好了，但是显然他们不是一定要对我公平。”

4.“他们不是坏人，只是有时候对我很坏。”

现在对另一种非理性信念进行辩论。这种信念是：“杰克和琼对我不公平，而他们绝对不应该这样做，因此他们是很糟糕的、该死的家伙，不配拥有生活中美好的东西！”如何质疑这种非理性信念，从而可以继续恨杰克和琼的行为，而不是长时间地恨他们？到底该如何呢？

首先，再次摒弃你那种愚蠢的信念，即认为杰克和琼绝对必须对你好。他们的行为违背了社会文化的一般规则，你完全可以认为他们的行为是“错误”“不公平”“不道德”的。你可以得出结论：“如果他们的行为是正确、公平、道德的，那就好了，但是显然他们不是一定要这样做。”我们在前一章已经解释过，首先要与你那些不切实际的“必须如何”的想法进行辩论，这些想法是你任意加到杰克和琼身上的。

一旦你不再用强迫性思维看待你的两个“朋友”及他们的不公平行为，你可以很轻易地放弃那种认为他们做得不好就该死的想法。当你对别人的行为感到愤怒时，往往将他们的行为与他们的人等同起来，然后全盘否定他们。这个问题前面已经论述过，但由于谴责他人的想法对情绪健康的影响太大了，我们在这里再做详细论述。

正如艾尔弗雷德·科日布斯基（Alfred Korzybski）在 1933 年出版的《科学与理智》（*Science and Sanity*）一书中所说：没有好人与坏人之分。因为“好人”只能做好事，不能做坏事，但是即使是圣人也做过坏事！“坏人”只能做坏事，但是希特勒也做了不少好事！全盘肯定或否定别人是一种过度概括，起误导作用，以不是黑就是白的思维来评价人，肯定是不正确的！

即使杰克和琼确实对你很坏，你也不能给他们贴上“坏人”的标签，他们肯定有一些好的方面。你对他们的恨使你认为他们对你不公平就该死，但讽刺的是，你的这种做法对他们也是不公平的！他们不是卑鄙的家伙，不是魔鬼。他们没有低人一等。实际上，他们只是会犯错误的人，是容易将事情搞砸了的人。但是包括你在内，谁不是这样的呢？

还有一点也很重要：如果你全盘否定杰克和琼，认为他们坏透了、品行败坏、毫无价值，那么你该如何评价自己这种愚蠢、不好、不公平的行为呢？我们觉得这种行为很不地道。你因他人的错误而谴责他们，那你怎么能不因自己的错误而谴责自己（你的整个人或人格）？好好想想这种尴尬处境吧！

你对他人的憎恨相当于自我憎恨。你要尽力承认自己的错误、过失、不道德的行为。如果你责备自己做了错事，那么像你这样一个没用的人怎么可能改正自己的错误呢？一个坏人怎么可能在今后不做坏事？实在很难！

杰克和琼的情况也是如此。如果他们对你不好就说他们毫无价值、该死，那么他们以及其他“罪犯”怎么改正错误？他们该怎么办！你因他们的缺点而谴责他们，这种做法使他们不能被饶恕，注定只能永远做坏事。这种全盘否定的评价公平吗？

这也是理性情绪行为疗法反对自尊、自责概念，以及神化或贬低他人的原因。如今我们都知道，自尊暗示并包含了自责。因为如果你因为做了正确的、好的事情而尊重、喜欢自己，那么当你做了错的、不好的、不合适的事情（你肯定会做这类事）时，你很可能会不喜欢、甚至恨自己。

对其他人也一样。如果在他们做得好的时候尊重他们，那么在他们做得不好的时候，你就会恨他们。这种观点不会让你做出什么离谱的事情，但会使你容易生气、发火，想要报复。这样的话，你如何能与别人建立友好、合作、互助的关系呢？这可不是什么好兆头！

你可以对杰克、琼以及其他人做的事情感到生气，但能否将怒气控制在合理的范围内，同时不会为了他们做的事情而对他们感到愤怒？你能的。如果你仅仅是对当他人的想法、感觉、行为感到很烦、很不高兴，但不是对他们自身感到生气，你就可以做到“理性地生气”。但是，看着吧！几乎每次你为别人做的事情感到生气或愤怒时，总是容易产生一种要求：他们绝对不应该这样做。结果他们以及他们的行为，在你看来都是很糟糕的。但是，如果你真的这样想：“我对杰克和琼做的事情感到很生气，但我还是能够接受做了错事的他们，他们只是会犯错误、容易把事情搞砸的那种人”，那就没问题了。但你要真的这么想才行！

根据理性情绪行为疗法，你经常对自己做不正确的评价，不是真的为了证明自己是一个正常的人，而是为了证明自己是个超人，或者证明自己比其他所有人都优越。当你追求“自尊”时，你真正追求的是完美、神圣、绝对的优越感和高尚。你不仅仅认为自己的某些特性比别人好或比别人优越，实际上你认为你在本质上要强于其他人。甚至你可能会认为，如果自己没有比他人优秀，没有受到所有人的崇拜，你几乎就没有存在价值，或者没有真正的价值。

很奇怪的是，当你做了某件差劲的事，你会把自己看得一无是处。但是其他人有了同样的缺点，你却能很自然地接受。例如，如果你写了一篇很差的文章，你可能会认为自己是个彻底的失败者，永远写不好文章。如果其他人写得一样差，你会轻松地接受他的缺陷。

我们并不认为你评判自己或他人的某些特性有什么问题。你可以喜欢或讨厌任何事情，但是不要将某种特性的判断应用到对一个人其他方面的判断。

我们再次以杰克和琼不遵守合租公寓的约定为例，回顾一下理性情绪行为疗法。

- **诱发事件或逆境（A）：**杰克和琼对你很不公平，他们不遵守与你之前的约定。
- **理性信念（RB）：**“我觉得他们的行为糟透了。我不喜欢他们这样做。”
- **健康的负面结果（C）：**你感到沮丧、失望。
- **非理性信念（IB）：**“太糟了！他们绝对不应该、不可以这样对我！”
- **不健康的负面结果（C）：**你很生气，很愤怒。
- **质疑与辩论（D）：**找到非理性信念，开始质疑并辩论，问自己以下问题，“他们对我不公平，为什么就糟透了？有规定说他们绝对不可以这样做吗？”
- **认知效果或新观点（E）：**“没有理由要他们必须公平地对我，虽然我确实希望他们能公平对我。他们对我这么不公平，让我很难受，但是我还是能够容忍这件事，并好好地生活下去！”
- **行为效果（E）：**不再生气，感到轻松，回到健康的负面结果：感到难过、失望。

你只有无数次反复练习理性情绪行为疗法各阶段的内容，才不会再次陷入非理性信念，才不会再次产生不健康的负面结果。只有经过持续的练习，才能根除你的非理性信念。而且，即使坚持练习，也未必一定能根除，之前那些不良习惯还是经常会再出现，我们所有人往往都这样。达到完美几乎是不可能的。但是理性情绪行为疗法会让你意识到自己的非理性信念与不健康的负面结果，对非理性信念进行质疑和辩论，最大限度地改变这些信念。

无条件地接受自我和他人的理论帮你认识到自己的潜力，使你承认并改正自己的缺点。理性情绪行为疗法让你在评判他人不好的思想、情感、行为时，不会由于他人应受谴责的行为而认为他们该死。当然，如果你认为别人的行为太差劲了，你有权决定不与他们来往。但是，要尽量想“他们最好不要这样做”，而不是“他们绝对不应该这样做”。

How To
Control Your Anger
Before It
Controls You

第9章

控制愤怒的情绪方法

这一章将论述理性情绪行为疗法用来减轻愤怒的某些情绪方法。“情绪”方法是指通过关注情感或愿望来阻止或改变愤怒的一种强有力的有效方式，这种方式有时候甚至有些戏剧性。下一章论述的“行为”方法与情绪方法有重复的地方，但是行为方法强调的是行动，不是情感。而且，运用行为方法往往不是以强有力的或戏剧化的方式。

运用情绪方法克服愤怒及其他情绪问题，第一点也是最重要的一点是无条件的自我接受。无条件的自我接受需要有完全接受自己的强烈决心，不管你做了什么（包括愚蠢地使自己生气），都要接受自己。

如果你来我们这里寻求理性情绪行为疗法的帮助，通过我们对你的态度和行为，你就会明白什么是无条件接受。我们会同意你的看法，认为你的愤怒具有毁灭性，同时我们把你看作行为糟糕的人接受你，不会以任何方式责备你。不管你的行为如何，我们都会接受你，这很可能会使你接受自己，有更多的时间和精力去改变自己。但是，即使治疗师并不总是接受你，或者每个人都严厉指责你，你还是可以完全接受自己（虽然你的行为很糟糕）。如果你很在意别人的指责，认同他们将你看作一个没用的人，那就表示你已经决定同意他们对你的看法。

记住，你可以聆听别人对你的批判，并完全认可他们对你的负面评价，承认自己的行为是不好的，但不要因此而认为自己是个坏人。而且，如果你因为自己不好的情感与行为而谴责自己，你也可以决定不认同自己的态度。你可以决定接受自己，将自己看作一个有缺点的人。如果你下定决心这样做，这就是一种自我选择的情绪方法。

不管你做了什么，你都决定接受自己，而不是责备自己，你的决心越强烈，就越能体验到自我接受的感觉。要想获取这种积极的感觉，可以通过倾听他人对你的正面评价，采纳这些评价，将其变为自己的看法；你也可以选择拥有这种感觉，决定选择接受有缺点的自己。

接下来就要保持这种自我接受的感觉。你坚定地相信一个想法，不仅仅因为你想到了这个想法，或是某个人不停地跟你重复这个想法，而是因为你自己在不停地重复并一再向自己证明这个想法。

即使你的想法带有偏见，如认为蛋糕很好吃、牛排不好吃，你还是多次重复这个想法，尤其在你吃蛋糕时，告诉自己蛋糕是多么美味，比牛排好吃多了。你一直努力地支持一种想法（蛋糕太好吃了），同时证明另一种想法（牛排不好吃）。通过这种强化训练，你在情绪上形成了关于蛋糕更好吃的强烈信念。

同样，如果你确实有愤怒情绪的话，你可以训练完全接受有愤怒情绪的自我。越是经常尝试着完全接受自己，你对自己的感觉会越好。根据理性情绪行为疗法，愤怒给你带来的害处比好处要多，知道这一点，你会想要减轻愤怒。放弃非理性信念，是减轻愤怒、享受生活的重要一步。同时，我们强调在摒弃愤怒情绪的同时，完全接受自己，并经常对自己重复这种自我认可。

另一种情绪方法是理性情绪想象（rational emotive imagery, REI），由研究理性行为的精神病专家马克西 C. 莫尔茨比博士（Maxie C. Maultsby Jr.）提出。理性情绪行为疗法对这种方法做了改动，具体情况如下。

首先，想象一个负面事件或一系列让你生气、烦恼的事件。例如，尽情想象杰克和琼不仅以一种不合适的态度拒绝履行与你合租公寓的约定，而且更过分的是，否认与你做过这样的约定。他们断言，你为了迫使他们与你合租公寓而编造了整个故事。

现在想象一下这个负面经历，或者其他让你情绪受到强烈困扰的经历。杰克和琼背弃与你的约定，甚至拒绝承认之前与你有过约定，想到这些，很可能你会怒不可遏。不要回避愤怒或其他让人困扰的情绪，而是将你的怒火尽情迸发出来，让你自己感到很愤怒。

当你真正感受过一阵子愤怒情绪后，努力迫使自己改变这些感觉。运用你所学到的理性情绪行为疗法，一步一步地练习。如果你感到强烈的愤怒，不要告诉自己你不能改变这种感觉。你能改变的。任何时候都按照下面的方式做，你就能改变困扰情绪：感受最深层的愤怒，然后迫使自己改变这种感觉，从而体验到另一种更为健康的负面情感，如对杰克和琼的行为感到失望、恼火。你绝对有能力改变情绪，努力去试试，集中精力去做。

使自己感受到健康的负面结果——对杰克和琼的行为感到失望、

恼火，而不是认为他们该死，之后仔细想想你做了什么才产生这种情绪变化，回想或再次体验每一步心理变化过程。你会发现，你的信念体系以某种方式在 B 阶段发生了变化，从而在 C 阶段改变了情绪结果。你的感觉发生变化，很可能是因为你告诉自己“我实在不喜欢他们背弃约定，还否认与我有过约定，但是人都会犯错，他们确实有权利做令人讨厌的事情”；或者“他们这种不公平的行为，确实给我带来很多不便，但我的日子不会因此就过不下去了。他们这样做实在令人讨厌，但我没必要将这件事看得过于糟糕”。

仔细分析你的信念系统发生了哪些重要变化，从而清楚地了解自己做了什么，使自己充分了解那些新的理性信念（RB）。针对让人不快的诱发事件（杰克和琼不公平地对待你，还否认这件事），这些新的信念产生了新的、健康的负面结果。

如果你试图体验健康的情绪，但你的愤怒情绪没有变，这时候不要放弃。坚持想象令人不快的经历或事件，坚持改变你的情绪，直到将不健康的负面情绪变为健康的负面情绪。你的感觉由你产生，并受你控制，你能够改变自己的感觉。

一旦你感觉到的是失望或恼火，而不是愤怒；一旦你明白哪些信念的改变使你感到不舒服，但不会引起情绪困扰，你就坚持重复这个过程。先使你自己感到生气，然后感到失望和恼火，但不是愤怒。然后回想一下，你的哪些做法引起这些改变。一次次重复练习，直到这个过程对你来说很熟悉，做起来越来越容易。

如果连续几周每天都练习理性情绪想象，你就能够做到：无论何时，只要你想到一件会让你愤怒的事情，不管这件事情是否真的发生过，你都会自觉地感到健康的失望或恼火情绪，而不是不健康的愤怒情绪。

如果你不能做到每天坚持练习理性情绪想象，那么可以通过奖励方式调动自己的积极性：当你能够以十分愉悦的心情做这种练习时，就奖励自己。如果你哪天没有做练习，就不让自己做喜欢的事情，或惩罚自己做不喜欢的事情。

运用理性情绪想象的方法还是不能减轻愤怒情绪的例子很少见。我们鼓励几百个人运用这种方法，只要他们认真练习，多数人在面对各种倒霉的事情时，发怒的情况明显减少。

你也可以利用理性情绪想象，产生愉快的感觉，转移并克服对他人的敌意。阿姆斯特丹大学的认知行为治疗师 R. W. 拉姆齐（R. W. Ramsay）做过这方面的实验，他用的是一种叫“情绪训练”（emotional training）的方法。你可以将情绪训练方法做某些改动，以应付愤怒问题。具体情况如下。

想一想你与令你生气的那个人曾经有过的非常快乐的经历。回想一种愉悦的经历，而且这种回想的结果让你确实对这个人产生很好的感觉，然后继续这个过程。回想起愉快的经历和美好的感觉，尽量使这些感觉胜过敌意。

理性情绪想象和愉悦感觉的自我训练，都是针对那些最初导致非理性信念产生的充满敌意的想法。如果任这些想法发展下去，你不仅会对他人产生愤怒和怨恨情绪，还会不断练习这些情绪，直到这些情绪变成“很自然”的或很容易被激起的情绪。你可能意识不到这一点，但当你产生不健康的负面情绪时，你就是在做这种负面情绪练习。同样，你可以刻意练习获得健康的负面情绪，像你运用理性情绪想象方法时做的那样；或者你可以刻意练习获得积极、愉快的心情，像你运用拉姆齐的情绪训练方法时做的那样。你确实可以选择自己的感觉，积极运用这些方法，有利于你克服愤怒情绪。

理性情绪行为疗法运用著名的攻击羞愧感训练与冒险训练，帮助你克服自我憎恨心理，你也可以用这两种训练来减轻愤怒。我（阿尔伯特·埃利斯）之所以想出这两种训练方法，是因为我认识到大多数人是因羞愧而苦恼：为自己做的错事羞愧，为别人看到他们做错事因而看不起他们而羞愧。我们运用理性情绪行为疗法，鼓励来访者做一些他们认为是冒险、丢脸、令人尴尬、羞耻的事情，如告诉陌生人自己刚从精神病院出来，在大庭广众大喊出当前的时间，穿上稀奇古怪的衣服等。他们会发现，这些原本认为是丢人的行为并没有让他们难堪，也不会导致自我憎恨，除非他们自己决定要有那些感受。他们还发现，别人并不会因这些行为而看不起他们。别人很快就会忘记他们的行为，很少有人会过分关心他们的所作所为。如果你因一些无关紧要的行为（如当众唱歌）而感到非常丢脸、难堪，你可以试着去做几件这样的事情，直到你发现自己不但敢这样做，而且这种做法可以使你不那么容易感到尴尬。你甚至会喜欢这样做！

有时候，你会以愤怒来掩饰羞愧感和尴尬。你可以用攻击羞愧感的方法消除羞愧和生气的感觉。假设一个高档酒店的服务生给你提供的服务很差，你羞于抱怨，害怕他会以轻蔑的态度对你，或大声诋毁你。这时你要迫使自己平静地告诉服务生他的服务很不好，你甚至可以要他做些平时你不会要求服务生做的事情，如让他将冷了的汤加热。你会发现，这样做没有什么可羞愧的。你这样做的同时要记住，服务生是有不对的地方，但是你已经表达了自己的不满，就没必要再责备他了。

同样，如果你对一些人有敌对情绪，觉得他们对你不友好，那么你就故意与他们产生冲突，如故意插入他们与别人的对话，或坚持说你之前遇到过他们（其实你没有）。通过这种方式克服你的羞愧感，最后你很可能会发现，一些人对你“不友好”是你自己想象出来的，目的是为了防止自己与他们对抗而产生羞愧感。

冒险训练与攻击羞愧感训练是锻炼自信心的行为。这就涉及通常所说的自信训练。理性情绪行为疗法从一开始就运用自信训练，这是防止或缓和愤怒感的有效方式。愤怒常常根源于羞愧感和内心深处的不自信。例如，你很想拒绝朋友的要求，因为你不想那么做。但是如果你坚持自己的立场，会感到不舒服，可能你担心如果你不同意的话，你的朋友会冷落你。因此，你压制自己的感觉，附和朋友的要求。但由于你优柔寡断，你很可能会恨自己太软弱，恨自己因受朋友“摆布”而发火。

如果你对自己的不自信感到愤怒，那就训练自己行事更果断。这样的话，别人让你做某事，你不愿附和，就不会有软弱的表现，也就不会责怪自己，不会责怪别人强迫你做不喜欢做的事情。

自信训练属于对抗愤怒的行为方法（我们会在第 10 章论述），但也是一种情绪技巧。如果你很想拒绝某人的要求，但担心被人冷落，结果还是同意了别人的要求，面对这种情况，你可以强迫自己拒绝别人，直到你对坚持自己的立场感觉很好。

强迫自己做平时不会做的事情，包含了重要的情绪因素。正如我们一直强调的那样，“情绪化”的思维和行动是一种强有力的带偏见的行为。当你情感强烈的时候，你很希望事情朝某个方向发展，积极地想要得到你想要的或回避你不想要的，你会极力靠近或远离各种人和事。同样，强迫自己改变行为（尤其在你很难这样做的时候），是一种情感上的激烈的自我改变形式。自信训练往往需要这种情感投入。

理性情绪行为疗法利用某些角色扮演与行为演练技巧。这些技巧最初由 J. L. 莫雷诺（J. L. Moreno）发明，后经弗里茨·珀尔斯（Fritz Perls）和一些完形疗法治疗师改进。莫雷诺、珀尔斯等人主要将这些技巧用于情感宣泄——重新体验过去的情感经历，而理性情绪疗法将这些技巧更多用于改变人的行为。

例如，你希望坚决而平静地与某人当面对质，但你做不到。你的治疗团队负责人会帮助你表达自己的情感。你扮演自己，团队中的另一成员扮演你想与之对质的那个人。你们当面对质，治疗团队的其他成员对你的表现做出评价。判断你说话时是否犹豫不决；是否诚实；是否带有明显的敌意，而不是自信；是否恰如其分。如果你表现良好，就重复几次这个过程，完善并习惯这种表现。如果你表现不好，就试试另外几种方式，直到你不但可以表达自己的感受，而且能得到想要的结果。

你也可以独自进行这种角色扮演或情绪表演。可以在脑子里想象，或在镜子前练习，或用录音机录下。你也可以找一个或一群朋友帮忙，进行角色扮演。角色扮演不一定要有治疗师或治疗团队的参与，虽然治疗师和治疗团队很有用，这个道理跟在指导老师和一群同行演员面前练习戏剧表演会很有效是一样的。

运用理性情绪行为疗法的角色扮演方式（不管是独自一人还是与其他人一起扮演），不仅要表达你的感受或宣泄怒气，还要让自己明白，你的愤怒是自己造成的，其实除了发火，你还有更好的选择。很多心理治疗师认为，如果你对某人或某事感到生气，在理智地处理这种情况之前，必须让自己的怒火发泄出来。你可能会冲别人大声叫喊，或捶打枕头（将枕头当作你想要打的那个人），或采取别的方式发泄怒气。

我们在第 2 章已经讲过，有相当多的临床及实验证据都显示，以上面说的几种方式发泄怒气，怒气会越来越大。理性情绪行为疗法对这种现象做了很好的解释。如果某个人对你做了不公平的事情，你故意侮辱这个人，或者将枕头当作这个人来捶打。你很可能会跟自己说："他确实对我很不公平，我恨他。他不应该这样对我，真希望他也受到不公平对待，而且程度是我所受的两倍。"

以这种方式表达情绪，你会进一步肯定自己的非理性信念，如"他是百分之百错的"，"他没有任何权利犯这种错误"，"他应该受到惩罚"。以这种激烈的方式发泄怒气，可能会让你回顾发生的事情，并在一定程度上原谅别人"糟糕"的行为。但更有可能的是，你觉得你讨厌的那个人的所作所为越看越"糟糕"，你会让自己更加生气。

通过动作或言语表达对他人或这个世界的恨意后，有些人会明白自己是在小题大做，接下来会平静下来，只是感到失望或遗憾。但是大多数人会更加坚信自己的非理性信念，认为他人绝对不应该对自己不好，而且认为一个人的行为不好，就证明他的人品不好。讽刺的是，这些人越是表达或发泄愤怒（再次感受或再现过去的愤怒经历），就变得越愤怒，而且很可能他们今后再次遇到不公平的事情，还是会生气。运用理性情绪行为疗法治疗时，我们偶尔会帮助来访者表达被压抑的愤怒情绪（如在团体治疗或马拉松式治疗中，迫使他们去责备某人），或帮助他们表现对他人行为的恼怒与不满。尽管如此，如前所述，我们一直努力帮他们认识到愤怒情绪是由他们自己造成的，其实他们有其他更好的选择。

理性情绪行为疗法强调，你认为他人对你不公平时，最好承认自己感到愤怒（如果你真的生气的话），承认自己有这种感觉很愚蠢，然后放弃那些使自己产生愤怒情绪的“应该”“必须”的信念。通过这种方式，最后你感到的是失望、遗憾，而不是愤怒，你会选择表达健康的负面情绪，而不是不健康的敌对情绪。

理性情绪行为疗法绝对不是反对你有强烈的情绪，包括负面情绪。相反地，它鼓励你承认、接受这种情绪。理性情绪行为疗法教你区分健康的情绪（如烦恼、不满）与不健康的情绪（如愤怒），教你如何保留前者、改变后者，还让你选择是否要表达情绪以及如何表达情绪。不管你感受到什么，最好承认自己的感受。但承认不一定表示赞同，也不意味着要表达出来。你可以充分肯定并表达某些真实的感受，但不是所有的真实感受都要表达出来！

How To
Control Your Anger
Before It
Controls You

第10章

控制愤怒的行为方法

情绪困扰与愉悦感一样，可通过积极的重复产生。如果经常练习烦恼的感觉，过了一阵子，会很自然地有这种感受。

愤怒的情况也是如此。你经常“看到”别人在你小时候“不公平”地对待你，然后跟自己说：“他们不可以对我这么不公平！”这种想法让你生气，并强烈地责备别人。

经过一段时间“练习”这种非理性信念，你很容易就让自己相信这样一种想法——你绝对应该受到公平对待，你还会把这种想法当作基本的生活信条。当你有“他们对我不公平”这样的想法时，如果接着产生的是理性信念“我希望他们别这么做”，那么你感到的是健康的遗憾或失望的情绪；如果接着产生的是非理性信念“他们不可以对我这样不公平”，那么你会感到怒不可遏。

根据理性情绪行为疗法，如果你习惯了愤怒的感觉与行为，那么你深层的思维习惯是非理性的。因此，如果要改变行为习惯，最好同时改变思维习惯。行为习惯与思维习惯是连在一起的。

根据理性情绪行为疗法，思维会影响感觉与行为；同样，感觉与行为也会对思维产生极大影响。原因何在？因为人就是这样的：根据思维行动，同时又根据行动思维。

举个例子。学会打网球对你来说很难，你感到自己很差劲，责备自己不能有所进步。尽管你有这种负面态度，你还是强迫自己每天练习，不管自己打得有多差。这种让自我挫败的信念与自卑感可能会妨碍你学会高超的打球技术，但是不至于让你学不会打网球。

尽管你感到自己学得很差，还产生要放弃的想法，但是你可能会一直坚持练习。这样的话，你的打球技术会提高，可能最后会打得很不错。这时你就知道，你可以打得很好。你获得了一种信念以及被阿尔伯特·班杜拉（Albert Bandura）称为“自我效能”（self-efficacy）的感觉。

不管你的态度如何，强迫自己练习打网球，确实可以对负面态度产生作用，不再感到自己打得很差。如果你能够发现并质疑自己的非理性信念——你必须打好网球，否则就是个很差劲的人，那么效果可能会更好。如同信念会影响行为，行为同样也可以影响信念。你可以选择同时改变信念和行为，或者改变其中之一以促使另一个发生改变。

理性情绪行为疗法鼓励你做上述任何一个选择，不仅运用思维方法与情绪方法（如前几章所论述），而且鼓励你采用一些积极的、指导性的行为方法。理性情绪行为疗法开创了积极做“家庭作业”的方法，并在这方面获得了一定的知名度。也就是说我们会不间断地给经常来诊治的来访者布置家庭作业，帮助他们克服情绪问题，我们也可以教你给自己布置家庭作业。

以上面提过的例子来说明。琼和杰克违背了与你的约定，你很生气，寻求理性情绪行为疗法的帮助。你首先要做的家庭作业就是在你还生气的时候，仍然与琼和杰克保持联系。如果你因为生气与他们断绝来往，就是一种逃避的做法。

你的第一个目标是让杰克和琼不再不公平地对待你。如果你与他们断绝来往的话，这个目标就很容易实现。但是，你同时又希望得到健康的情绪结果——对他们的行为感到失望或气恼，而不是不健康的情绪结果——对他们感到愤怒。如果你只是不再和他们（或让你生气的其他人）联系，你的行为和感觉得不到任何改进。你还是很容易发火！

如前所述，避开对你“不公平”的人或情况并不能改变那些导致愤怒情绪的信念。你仍然持有那些信念，当其他负面的诱发事件出现时，你还是会发火。如果你给自己布置作业：与那些对你不公平的人保持联系，对他们的行为不再感到生气，那么你就能在相当大的程度上改变那些导致愤怒情绪产生的非理性信念。

你的家庭作业包括两部分。首先是行为——与杰克和琼保持联系，其次是想法——改变对杰克和琼的看法。理性情绪行为疗法提倡做行为与思维两方面的作业，通过这两种途径，同时解决情感与行为问题，从而减轻愤怒情绪。

在很多情况下，焦虑感会伴随着愤怒情绪。面对他人的不公平行为，很多时候你会感到很焦虑，因而生气，通过愤怒来掩饰随焦虑感而产生的无助感。这样的话，你是在利用愤怒情绪产生错误的感觉，以为自己是针对不公平的情况而生气。

勤做家庭作业可以帮你以多种方式解决相互关联的愤怒、焦虑、抑郁等情绪问题。前面已经提过，一种解决问题的方式是，让自己继续处于不愉快的状态，然后设法解决让人困扰的情绪。比如，杰克和琼对你很不公平，要质问他们让你感到焦虑。这时，你可以强迫自己拿一些他们犯的没那么严重的错误（如他们说好了跟你见面或打电话，结果却没做到，或者他们对你太挑剔了）质问他们。先挑起不愉快的话题，再提出他们对你的不公正行为就容易多了，你也不会感到很焦虑。

如果你对自己生气感到自责，你也可以试着解决自责的情绪问题。使自己明白，作为一个人，你有生气的权利。如果你在内心对杰克和琼感到很生气，你可以一方面承认自己大发脾气很傻，另一方面仍然接受自己，觉得自己是个不错的人。如果你能这样想问题，就会觉得质疑非理性信念其实没那么难，因为你允许自己有愤怒情绪，同时不会因此认为自己很愚蠢。

这些行为方面的作业有助于你面对令人困扰的情绪问题，并能冷静地解决问题。这样你会发现，即使有挫折，你也能够快乐地活着。要完成这项作业，需要提高挫折容忍力，因为像愤怒、焦虑、抑郁等情绪困扰通常源自低挫折容忍力。如果你不能忍受与人对质时的不舒服感，你还是会感到焦虑。

高水平的家庭作业有助于你忍受不愉快的状况，直到你可以有效地改变这种状况；目前你忍受的痛苦能让你在将来受益，因为如果将来有人不公正地对待你，你会迫使自己很快与之对抗，使别人对你公平些。你做的家庭作业越多，你的挫折容忍力就越高，从而降低愤怒或抑郁的可能性。

理性情绪行为疗法还采用了B. F. 斯金纳（B. F. Skinner）的强化理论和操作性条件反射理论。这些理论建立在奖励和惩罚的原则上。当你完成一项希望完成的任务时，给自己一份奖赏（如吃美味的东西，或是认可自己，或是做些让自己高兴的事）；当你不能完成任务时，就惩罚自己。

惩罚、强化或奖励的方式不同于因自己做得不好而咒骂、谴责自己的方式。完全相反！你因没有完成某一任务而惩罚自己，目的是为了使自己改变这种情况。但是因为自己的“坏”行为而咒骂自己，则很可能使自己做出更多不好的行为。

斯金纳的理论受到不少批评，因为根据他的理论，行为治疗师可以运用强化原则让他人做他们不想做的事情，从而操纵他人。这种理论会被当权者滥用，尤其是在诸如学校、医院、监狱等受控制的环境中。然而，应用到理性情绪行为疗法中的操作性条件反射理论主要是权变管理或自我控制方法。一些来访者希望改变让自我挫败的行为，尤其希望以不同方式（通常这些方式对他们来说很难）严格训练自己。这些来访者同意做某些作业，只有在他们令人满意地完成作业的情况下，才进行愉悦的强化训练。在他们不能完成作业的情况下，他们同意接受某些惩罚。

自我管理原则同样适用于那些与自己签订契约的个人。很多作家和艺术家规定自己每天至少要花一定的时间从事创作，只有做到这一点才允许自己吃饭、阅读或与朋友聊天。很多人想减肥、锻炼或完成一些自己不想做的任务，他们与自己订下契约，如果做不到就给自己严厉的惩罚，通过这种方式达到目标。

权变管理应用到理性情绪行为疗法中的例子如下。假设你不能做到每天都花点时间质疑非理性信念以及做一些这方面的功课，这时你就需要与自己订下一个契约，甚至可以将契约的内容逐条写下来。如果完成训练的内容，就给自己奖励（或者称之为强化），如你可以选择做自己特别喜欢做的事情。每次你按规定做了功课，都要奖励自己。如果不能做到契约上的要求，就惩罚自己做自己非常讨厌做的事情。

你可能需要别人帮助你强制实行这个契约。你的好朋友或伴侣通常会很乐意监督你惩罚或奖励自己，这样有助于确保严格地执行惩罚和奖励措施，而这一点是权变管理的关键。

由于每个人喜欢和厌恶的事情各不相同，因此我们不会对具体的奖励和惩罚的内容提出建议。一般来说，奖励最好是切实可行的。如果你每次完成作业，就奖励自己与伴侣过性生活，那么这对你的伴侣来说可能并不是什么奖赏，而且你自己也可能会感到厌倦！

同样，惩罚的内容也要合理。过于严厉或执行难度太大的惩罚没什么好处。不让自己阅读或看电视，或增加自己的负担（如吃不喜欢吃的东西），以这些方式惩罚自己是可行的。

如果你愿意，可以制定专门的惩罚和奖励机制。例如，如果你在一周内每天都能完成作业，就在周末给自己一个大大的奖赏（如去一家特别的餐厅吃饭）。如果不能完成作业，就狠狠地惩罚自己（如整个星期每天都提早一个小时起床）。

这里再次重申一下惩罚与自我谴责的区别。如果实验动物在迷宫中走错了方向，为了帮助它们找到正确的方向，你决定惩罚它们，但是你不会因它们不能做出正确的反应而冲它们大叫，或者虐待它们。

只要你有“我想要摆脱愤怒情绪”的想法，自然就会产生如下想法：“我发现摆脱愤怒情绪太难了，我希望有一种惩罚措施，帮助我减轻愤怒情绪。”这样的话，你接受惩罚的愿望就会超过逃避困难任务——严格要求自己以改变愤怒情绪——的愿望。为了使自己能够接受自律带来的痛苦，你会心甘情愿地惩罚自己。

然而，当你不是惩罚自己而是谴责自己时，你会告诉自己：“我必须摆脱愤怒情绪，我必须完成作业！如果我不去做我必须做的事情，那么我不仅要惩罚自己，还要谴责自己不能遵守与自己的约定。”你的自我约定包括具有毁灭性的“必须如何”，以及由这个“必须如何”带来的自我谴责的后果。将“必须如何”的思维转向“最好如何”的思维，不要再责备自己！

我们之前论述过，理性情绪行为疗法还运用许多自信训练的方法，让你变得更自信，而不是变得具有攻击性。以自信的方式行事时，你只是追求你想要的东西，避开不想要的东西。但是如果你有攻击性，你的行为和感受里就包含了愤怒，认为别人没有权力阻止你得到你想要的东西，如果他们这样做了，他们就是坏人。理性情绪行为疗法会教你区分自信和攻击性，教你坚定地追求你想要的东西；同时不要憎恨他人，与他人为敌，拒绝妥协，要求他人必须满足你的一切要求。很多研究表明，自信能明显减轻愤怒情绪。

理性情绪行为疗法可以帮助你变得自信，而不是变得具有攻击性。一旦你理解了理性情绪行为疗法的原则——他人没有使你生气，在很大程度上你的愤怒情绪是你自己造成的，那么你就可以通过自信训练控制愤怒情绪。

自信牵涉到一些冒险的行为：做你自己想做的事情，不想做的事情就不做。其他人可能会对你的过分自信印象不好，所以在表现得很自信之前最好考虑到可能带来的不利后果，尤其是在与上司、老板及有权力的人打交道时。可能你会觉得这样做太冒险，决定不再坚持自己的权利。有时候，刻意控制自己是一种理性的行为方式！

然而很多时候，当你以消极的方式行事的时候，你会高估一件事情的风险，因为你过于在意他人的看法，害怕失去他人的认同。但是为了得到你想要的，需要冒失去他人认同的风险。首先，想清楚你想要避免的情况，然后做出更为自信的举动。

我们鼓励你做的锻炼自信的作业有以下几项。

做几件具体的冒险的事情。想几件你想要做又怕做，因而没有做的事情。如在饭店退回很难吃的菜，穿一件很招摇的衣服，坐公交或地铁时吃三明治，在众目睽睽下举手问一个大家可能认为很傻的问题，平静地告诉别人你不喜欢他的行为，等等。

冒被拒绝的风险。想几件你想要做的事情，但一旦你提出要求，会被冷冷地或生气地拒绝，如要求过性生活，或吃一种特殊的食物，或背部按摩，或去看电影，等等。冒一下风险，特意向你的同事或朋友提出这些要求，当他们拒绝你后，坚持说服他们同意。如果还不行，迟些时候再提出这些要求。

冒拒绝他人的风险。想几件你不想做、但为了取悦他人却经常做的事情，如出去用餐，以某种特定的方式过性生活，长时间的聊天。然后冒一下风险，特意拒绝做这些事情。为了加大风险，有时候你可以恶狠狠地拒绝他人。更为理想的一种方式是，友好但非常坚决地拒绝，即使别人一直试图说服你做他想要你做的事情，你还是要一直拒绝。

做几件荒唐或“丢脸”的事情。在上一章已经论述过，你可以做攻击羞愧感训练。想想有什么事情，你觉得在大庭广众下做很傻，然后故意做这件让你“丢脸”或尴尬的事情。如在大街上放开嗓子高歌；“遛香蕉”，就像遛狗或遛猫那样，还要在香蕉上系根丝带；在头上戴一个束发带，带上插一片巨大的黄色羽毛；叫住一个小老太太，问她是否可以搀扶你过马路，等等。

故意让人知道，你搞砸了某一件重要的事情。让自己搞砸一件重要的事情，并且确保很多人都知道这件事。例如，打棒球时，故意没接住飞过来的球；在公开演讲时，故意说话结巴了一会儿；跟别人说你没通过一个考试，而实际上你已经通过了。

冷静地坚持自己的权利。一些自信训练的支持者对“对抗他人，坚定自己立场”的训练计划推崇备至，他们不知道淡然处之的办法更好，能让你得到你想要的东西。如果你对某人感到生气，而你也明白，你生气是由自己（不是他）造成的，你可以控制愤怒，冷静（而非怒气冲冲）地反对那个人的行为。

关于如何更好地与伴侣相处的问题，洛伊丝·伯德（Lois Bird）的建议是，以冷静的、无动于衷的态度告诉对方：“我根本不在乎你的感受，你不需要到处宣扬自己的感受”，这种方式比起老老实实地责怪对方更有效，让你更自信。

鼓起勇气，对抗他人。如前所述，愤怒与暴力常常源于缺乏勇气。你不敢追求想要的东西，别人犯了错误，你也不敢与他们对抗。这样的话，你会憎恨自己的软弱，也会生对方的气。

其实，对你不赞成的人，你可以反抗。这样做经常会发生矛盾，但是至少你将事情公开讲出来，迟早会有一个结果。因此，如果你能够勇敢地对抗那些你坚决不赞同的人，同时让自己不生气，不暴躁，你的行为会让对方觉得你毫无畏惧，能够理智地处理问题，值得认真对待，对方有可能会妥协。

怎样做到直截了当地反抗呢？你需要说服自己，你可以反对别人，甚至可以表现得很无礼，即使别人不喜欢你，你也不必讨厌自己。这样，你就可以较容易地迫使自己与别人对抗。不管开始这样做会有多痛苦，记住逃避带来的痛苦通常更严重，持续的时间也会更长！

角色扮演。罗伯特·艾伯蒂（Robert Alberti）与迈克尔·埃蒙斯（Michael Emmons）详细解释了治疗师如何通过角色扮演帮助来访者（尤其是婚姻咨询来访者）。治疗师与来访者模仿的是自信行为而非攻击性行为。没有治疗师也可以进行角色扮演，让你的一位朋友扮演你的伴侣或老板，与你进行一次模拟的争吵。安排一个特定的争吵场景，与观看者商量你和对手应该做什么，然后让旁观者评价你们的扮演。再重新扮演一次，从旁观者那里得到更多的反馈和指导。重复几次这种角色扮演，还可以将过程录音，重复听几遍。

事先准备。乔治·巴赫（George Bach）与赫布·戈德堡（Herb Goldberg）指出，自信地应付挑衅者或拖延者，需要事先做准备。如果你的朋友说好与你碰面却没来，或总是迟到，你可以定一个很具体的规则，如“如果你在10：30还不出现，而且也没有给我打电话，我就自己去看电影了。”要确保你不是随便定这个规定，而是真的会执行这个规定。

明确区分自信行为与攻击性行为。在阿诺德·拉扎勒斯（Arnold Lazarus）和我先前的一些理论的基础上，艾伯蒂与埃蒙斯对自信行为与攻击性行为做了明确区分。就像阿诺德·拉扎勒斯与艾伦·费伊所说："自信是指表明你的立场，抵制不合理的要求，或要求得到你想要的。而攻击性行为则牵涉到责备他人。自信行为是正面的，攻击性行为是负面的。"优柔寡断、自信与攻击性行为的主要区别如下。

优柔寡断的行为：你想要某件东西，但没有将这个愿望表达出来，或没有想办法得到想要的东西，反而采取一些间接的、消极的、有点不诚实的行为。通常你不会承认你想要和不想要的东西，你会毫无必要地克制自己，甚至拒绝自己一些最基本的需要。这样，你会表现出焦虑、受伤，容易生气。

自信的行为：你想要某件东西，坦率地承认你的愿望，多半会努力争取得到想要的东西。你对他人开诚布公，虽然有时候未必将自己的愿望全部告诉别人，但你会坚持不懈，努力实现自己的愿望。你为自己着想，让自我得到提高。你尊重他人的价值和目标，但通常将自己的价值与目标放到首位。你的行为是积极的，富于表现力。

攻击性行为：别人阻碍你实现愿望，你感到生气，老是想去伤害他们，而不是想办法得到你想要的。你坚信他们不应该、不可以阻挠你。在情感上你是诚实的，但方式不对，经常阻碍你得到真正想要的东西。你表现得积极、态度坚决，但是以损害他人为代价。你将自己的愿望充分表达出来，但经常做得过了头。你常常感到自己是正义的，对他人有一种优越感，老是谴责别人。同时，你也可能会为自己的愤怒情绪感到内疚。

如果你能明确区分上述三种行为，不认为自己只能在优柔寡断与攻击性之间做选择，那么你就可以训练自己行事自信，对自己和他人负责任，如阿瑟·兰格（Arthur Lange）、帕特里夏·雅库博斯基（Patricia Jakubowski）与另外一些理性情绪行为疗法的治疗师认为的那样。

行事果断。行事果断的一些要素，如同兰格、雅库博斯基与珍妮特 L. 沃尔夫（Janet L. Wolfe）所概括的，包括下面这些行为。

- 表达你不想做某事时，要坚决地做否定性回答。不要闪烁其词，或让他人做决定。不要为自己辩护或道歉。
- 以清晰、坚定的语气回答。不要抱怨，不要说抱怨的、严厉的、指责的话。
- 回答即时、简洁，不要有长时间的停顿，不要岔开话题。
- 努力让别人公平地对待你，如果他们做不到，你要指出来，但不要一味坚持或命令他人这么做！
- 如果他人要你做某事，你觉得不合理，就要他们给你一个解释，并认真听他们说完。如果他们的解释有合理的地方，建议换一种你愿意的解决方式。
- 坦率地说出你的感受，不要躲避或攻击他人或为自己辩护。
- 表达不快或恼怒情绪时，要告诉别人你不喜欢的具体内容，不要攻击他人，骂人，或暗示他应该受到某种谴责。
- 认识到以自我感受为主导的方式（不是以他人感受为主导的方式）的有用性，但同时要明白这种方式不是万能的。自信训练的支持者提倡在学习过程中采用以自我感受为主导的方式，以及要表达自己的不满情绪。但是阿诺德·拉扎勒斯、大卫 D. 休斯（David D. Hewes）等人指出，以自我感受为主导的方式也会产生不健康的愤怒情绪，而适当的、以他人感受为主导的方式可能不会。如果你对一个销售人员的行为方式感到不满，运用以自我为主导的方式，你可能会生气地说："我感到很恼火，我想从你这买一件衬衫，而你的做法却是这样。"如果你平静地用以他人为主导的方式，你会这样说："你今天似乎太紧张了。如果你以轻松点的方式，我会感觉好一些。"拉扎勒斯认为，运用以他人为主导的方式包含了对别人的理解，甚至是对他人的一种积极的肯定。所以，我们可以运用以自我感觉为主导的方式，但不要过高评价这种方式。

自信的程度。马洛 H. 斯梅比（Marlowe H. Smaby）与阿马斯 W. 塔米恩（Armas W. Tamminen）指出，针对不同的情况或对象，存在不同程度的自信。最低限度的自信只能让你坚持自己的立场，不让其他人控制你。例如，有人想插队到你前面，你只是指了指队伍的后面，告诉他最好是排到后面。

高一个层次的自信表现如下：你知道他人在一件事情上的立场，也明白他的感受，但你还是坚持自己的立场，这样做并没有恶意。例如，一个朋友让你为他撒一个谎，你回答："我理解你的感受，也明白你为何要我这样做，如果我不答应，你会很失望。但是我实在不想这样做，这很可能会给我带来麻烦，所以我希望你不要叫我这样做。实际上，你叫我撒谎，让我有些不安。"

更高一层次的是商讨式自信：你依然坚持自己的立场，同时也尽量顾及对方的想法，能够做出某些妥协。例如，你可以对那个让你帮他撒谎的朋友说："我理解你的感受，也明白你为何要我这样做，如果我不答应，你会很失望。但是我实在不想这样做，这很可能会给我带来麻烦。你现在知道我的感受，以及我不愿意做的原因。但我想可以通过其他方式帮你。我还是要说实话，但我会尽力说服那个老板给你一份工作，他会发现其实你很能干。即使你缺乏他所需要的经验，我还是会建议他将这份工作给你。"

针对不同场合，运用这几种不同层次的自信，不但可以让你按照自己的心意做事，还能够使你与他人保持良好关系，甚至是非常友好的关系。

如果你在进行理性情绪行为治疗时做这些自信训练，你不会感到丢人，也不会因做了似乎有点傻的事而责怪自己。你做这些训练的目的不是为了挑战社会规则或悖逆习俗，而是要通过冒险训练得到益处。如果你在做冒险训练时，没有过分担心别人会怎么看你，那么你就能坚持自己的权利，同时让自己明白，做一些冒险事情时不会发生什么可怕的后果。你还明白自己可以忍受他人的不认同，虽然你可能不是很喜欢他人对你不认同。当你做了某种不受欢迎的行为时，没有人（包括你自己）有理由谴责你，或将你看作一个很差劲的人。

我们并不是说，你会自动放弃所有的愤怒情绪和行为，当某些不愉快的事情发生时，你只是感到健康的不快情绪，而不会感到愤怒。即使你坚持做自信训练，你可能还是不会很好地应付不公平的事情：当不公平的事情发生时，你不仅能够轻易地发现某些事情不对头，还会抱怨、喊叫。如果是这样，我们还是会认为你行事消极，优柔寡断，因而导致愤怒情绪的产生。只要你坚持做自信训练，认识到你不需要别人的认同，那么你生气的频率就会降低。

理性情绪行为疗法注重训练，采用了不少教学方法，如阅读材料，借助视听教材、图表、标语以及示范作用。如果你因受到不公平对待而感到很愤怒，你将我（雷蒙德·奇普·塔夫瑞特）视为治疗师，告诉我你的情况，我会向你示范理性情绪行为疗法对抗愤怒的理论。例如，你来治疗时迟到了，或没有听我对你说的话，或拒绝做家庭作业，或抗拒学习及改变自己，那么我会试图让你明白，**我确实不喜欢你的做法，但是我不会因为你的行为而生气地责备你。**

我不是必须对你的行为表现得很冷静、无动于衷。很可能我做不到这样！作为一个治疗师，我对工作很认真，如果你没有听我的话，我还是会试图让你知道自己那些让自我挫败的理论（非理性信念），然后教你根除这些信念的方法。但我不会因为你没有听我的就生气地责备你。

我不希望你对我产生情感上的依赖，也不希望你因为我想让你改变而改变自己。如前所述，如果你公开谴责别人的粗暴行为，你其实是在鼓励他们为自己的行为辩解，从而给了他们这么做的权利。如果让他们自己好好想想，也许他们不会坚持做那些冒犯他人的事。这样的话，他们可能会改变自己的行为。同样，作为你的治疗师，我会努力帮助你改变，这种改变是为了你自己的利益，而不是为了我的利益。为了这个目的，我以自己作为你的榜样，将我的行为与你的行为作对比，通过这种对比，让你进一步发现自己的非理性行为——愤怒的行为。

如果没有治疗师做理性的示范，你该如何做？答案是，在你的生活中找到一个好榜样。不幸的是，你碰到的多数人都不能作为榜样。实际上，那些人自己也经常对不公平的事情（不管是琐碎的小事情还是重要的事情）感到生气。但是，总是会有例外，如一个不同寻常的朋友或老师，偶尔联系的亲戚、同事。这些人下定决心要克服生活的不如意，而且一直在努力这么做。

跟这些人聊聊。

从这些人身上学习面对不公平时如何保持理智、冷静。观察他们的行为。看看你能否效仿他们的做法，控制自己的感情和行为。在书本和自传材料中找找这样的人，文学作品中有很多人物，他们经受了极大的挫折，甚至是迫害，但他们没有过度愤怒，或产生杀人情绪。找到这些理性的示范人物，然后向他们学习。

控制愤怒还有其他一些有效的行为方式。下面做简单介绍。

应付他人的愤怒情绪。在团体治疗、自助治疗或日常生活中，应付他人的愤怒情绪可能对你有所帮助。这并不意味着是愤怒情绪改变了你（愤怒通常只起到坏榜样的作用），但是如果你经常应付他人的愤怒情绪（尤其是在有治疗监督的情况下），有助于你更有效地处理愤怒情绪，也让你更仔细地观察并了解自己愤怒情绪的本质。如前所述，逃避糟糕的情况并不能解决愤怒情绪。在应付生气的他人的同时不要让自己生气，可能效果更好。

参与有益的活动。安德鲁 S. 瓦赫特尔（Andrew S. Wachtel)、玛莎·佩恩·戴维斯（Martha Penn Davis）与很多其他研究者的研究都表明，容易生气、脾气暴躁的人容易感到孤独、单调乏味、缺乏人情味。

如果他们（包括你在内）能参与有益的集体活动或有一个积极的人生目标，他们（包括你在内）可能会转移孤独感、乏味感和愤怒情绪。

重视成长环境。维克托·德嫩伯格（Victor Denenberg）与M. J.扎罗（M. J. Zarrow）对新生的小老鼠做了一系列很有意思的实验。一组新生小老鼠由大老鼠养育，控制组的新生小老鼠由小老鼠养育。结果发现：由大老鼠养育的小老鼠体重比控制组的小老鼠重；前者在空旷的场地没有后者活跃，宁愿待在大老鼠身边，而不愿待在小老鼠身边。最显著的一个发现是，由大老鼠养育的小老鼠被置于一个标准的打斗盒子里时，不会打架。与之形成对比的是，控制组的小老鼠在打斗盒子里经常打架。这说明，如果小老鼠经过“非自然”的养育，它们爱打架的天性会发生明显的改变。

另外一些实验还发现，在狗或猫附近养大的小老鼠，不会受到这些天生的敌人的攻击，而在普通环境中养大的小老鼠会受到狗和猫的攻击。德嫩伯格和扎罗说：“我们必须摒弃任何一种认为基因决定攻击性，而且本能反应不能被改变的假说……这并不是说基因因素不重要。很明显，基因很重要。我们想要说的是，要想更好地了解行为模式，需要同时考虑基因以及基因生长的环境。”

因此，如果一个人在较少愤怒情绪的环境中成长，那么他天性中愤怒和暴力的倾向也可能会减弱。当然，你已经无法改变自己的童年，但如果你有孩子，可以考虑给你的孩子创造一个好的环境。

分散注意力。如前所述，参与有益的活动可以转移愤怒感。同样，参与不是那么有益的行为可能也可以做到这一点。诺曼·津伯格（Norman Zinberg）在威廉·詹姆斯（William James）与西格蒙德·弗洛伊德（Sigmund Freud）的理论基础上提出设想：某些竞争性的活动（如有组织的体育竞赛和政治竞争）比起另外一些活动（如看电影或一些私人活动），能否更有效地转移愤怒和暴力情绪。我们在第 2 章提过，根据理性情绪行为疗法的观点，具有很强攻击性的活动（如激烈的商业竞争或职业拳击赛）会让人的感觉和行为更加糟糕。

罗伯特·巴顿（Robert Barton）与保罗·贝尔（Paul Bell）发现，适当的性欲能够抑制身体上的攻击行为。下一章我们将会论述，运用一些放松技巧也可以减轻愤怒情绪。现有的证据表明，几种愉快的、有益的、甚至不带情感色彩的分散注意力的方式能够阻止愤怒情绪，至少能够暂时缓解愤怒情绪。因此，如果你希望控制自己的愤怒，你可以运用这些分散注意力的方法，暂时减轻愤怒感觉，或让自己有时间改变想法，今后遇到讨厌的事情，不会怒气冲冲。分散注意力的方法有思考、幻想、游戏、参加活动、情感投入、追求快乐，以及任何其他需要集中精神做的事情。试试各种方法，然后找到特别适合自己的方法。但是要记住，除非你改变思维方式，否则一旦这些需要集中注意力的活动结束了，你的愤怒又会重新回来。

高效率地解决问题。对几乎所有的情绪困扰都有帮助的一个办法是，高效率地解决问题。实际上，不少研究表明，学会高效率地解决问题的技巧可以明显减轻愤怒情绪。由霍华德·卡西诺夫（Howard Kassinove）编的书《愤怒障碍：定义、诊断及治疗》（*Anger Disorder: Definition, Diagnosis, and Treatment*）对这方面的研究作了概述。

因此，努力掌握一套应对方法，当你碰到糟糕的情况或行为恶劣的家伙时，就可以运用这套方法。要做到这点，首先列出在碰到糟糕的状况或人时，你认为可能发生的所有不幸事件，再列出你可能采取的解决上述问题的所有行动（不管是好的还是不好的行动）。然后分析哪种行为的结果是好的，哪种行为的结果是不好的，尽量做到判断准确。最后选一个最好的行动方案，根据这个方案行动，再根据实际结果不断修改这个行动方案。

如果遵循这个应对方案，你能较好地处理难对付的家伙或状况，那么你发怒的可能性会变小。这不是一个理想的解决办法，因为你不能高效地应付每一种麻烦的情况。但是具体的应对方案在很多情况下会起作用。

认知重建。理性情绪行为疗法的作业包括很多认知方法、情绪方法和行为方法。也就是说，在治疗期间要做很多练习，在你一个人时也可以运用自助技巧做练习。其中一个最有用的练习就是认知重建，即发现并质疑那些导致愤怒情绪产生的非理性信念。

雷蒙德·诺瓦克（Raymond Novaco）具有开创性的研究表明，认知重建在帮助人们减轻愤怒这点上，比放松方法更有效。认知重建的方法源自理性情绪行为疗法，由唐纳德·梅肯鲍姆（Donald Meichenbaum）提出。美国科罗拉多州立大学的杰里·迪芬巴赫（Jerry Deffenbacher）及其同事以及其他几位研究者在一系列的治疗研究中发现，如果人们意识到那些导致愤怒情绪产生的信念，并且积极改变这些信念，那么他们就能够明显地减轻愤怒情绪。

理性情绪行为治疗的情况也是如此。我们先让来访者明白，他们的信念导致了愤怒情绪产生：他们抱怨遇到的不公平和挫折，认为这些情况绝对不可以存在。接下来我们教来访者学会放松，学会几种应付愤怒的技巧，教他们学会忍受愤怒并减轻愤怒。

你也可以自己运用理性情绪行为疗法的一些技巧。首先充分认识到是你的信念导致愤怒情绪的产生：你坚持认为并要求某些不存在的事情一定要存在，或某些明明存在的事情不可以存在。当你认识到这一点，并放弃这些对他人及这个世界的要求，你会发现自己完全能够运用我们在这一章罗列的各种行为方法来控制愤怒。

我们再强调一次，尽管理性情绪行为疗法有一套关于人类本性、情绪困扰、有效心理治疗的理论，还有很多治疗技巧，但是这是一种综合性的治疗方法，而不是选择性的方法。理性情绪行为疗法包括 50 多种认知、情绪、行为方法，很多方法差异很大，但这些方法都是用来分析情绪困扰和改变情绪的。

例如，理性情绪行为疗法的行为方法不仅仅是为了在治疗过程中消除症状。如果治疗师让你运用几种行为技巧来减轻愤怒（如做家庭作业、操作性条件反射、自信训练），治疗师的目的不仅仅是鼓励你在治疗过程中不再感到愤怒。不是这样的。治疗师还会观察你在没有接受治疗时，如何让自己发怒；现在和今后如何做到减轻愤怒；今后遇到任何困难，如何在最大程度上减轻愤怒。

理性情绪行为疗法为你提供了理论基础和实践技巧，让你不仅感觉变好了，而且行为也变好了，减少了你的困扰，也让你变得不那么容易受困扰。如果你愿意运用这种方法，它可以深刻改变你的信念和情绪，让你在想法、感受、行为各方面都减少让自我挫败的可能，让你的有生之年更快乐。

第11章

学会放松

我们在第 1 章论述过，愤怒使你在生理上及心理上做好面对危险的准备。你的想法导致愤怒情绪的产生，而生理上的激动更加刺激了愤怒情绪，使这种情绪一直持续下去。因此，让自己生理上平静下来是阻止或减轻愤怒的一种重要的方法。

减轻紧张感有很多技巧，如渐进式肌肉放松法、引导想象法、自生训练法、生物反馈训练法以及各种冥想。如果坚持正确地应用这些技巧，你的身体会发生积极的变化，如心跳减速、血压下降，肌肉紧张感减弱。当你感到生理紧张、愤怒情绪开始产生时，你可以通过这些练习放松身体。

这一章论述几种具体的放松技巧，这些技巧对受愤怒情绪困扰的来访者有帮助作用。支持这些技巧的多数研究工作由科罗拉多州立大学的杰里·迪芬巴赫及其同事所做。他们的研究表明，应用放松技巧可以明显减轻愤怒。霍华德·卡西诺夫编的《愤怒障碍：定义、诊断及治疗》一书对这方面的研究有所论述。

渐进式肌肉放松法

渐进式肌肉放松法（PMR）是按一定顺序绷紧或松弛不同部位的肌肉。紧绷肌肉时，将注意力集中到由此产生的不舒服感上。绷紧肌肉，坚持10秒钟，再放松肌肉，将注意力集中到沉重、温暖的感觉上。在绷紧肌肉和放松肌肉时，你感受到两种明显不同的感觉。

认识到紧张和放松两种感觉的不同，你就会明白你的愤怒是如何慢慢积累起来的。紧张感其实是一种警告，提醒你是时候让自己平静下来了，否则愤怒情绪会被全面激发起来。

在练习渐进式肌肉放松法之前，有几点要注意。第一，如果你的肌肉有任何问题，要先咨询医生。第二，在做绷紧肌肉的练习时，注意你感受到的是不舒服的感觉，不是疼痛的感觉。绷紧肌肉时不要过于用力。如果某些肌肉确实感到疼痛，最好不要再绷紧，而只做放松练习。

最初做渐进式肌肉放松时持续的时间是25分钟左右。依次绷紧和放松某部位的肌肉，从手臂肌肉开始，然后是大腿、腹部、胸部、肩膀、颈部、脸部肌肉，直到整个身体感到平静、放松。你可以根据下面的练习指南来进行渐进式肌肉放松训练。我们建议你将练习指南用录音带录下来，这样在训练时就不需要停下来看书本内容。完成录音后，你就可以放录音带，根据练习指南训练。

在做紧绷练习时，只要绷紧某部位的肌肉，其他部位的肌肉要放松。当然，会出现某些部位重复练习的现象。尽量将注意力集中到每一特定部位的肌肉上。在练习过程中，除了放松的想法，还有其他想法会冒出来，这也很正常；但是要尽量慢慢将注意力重新回到肌肉的感觉上。在练习过程中还要保持清醒。在做放松练习时，迷迷糊糊睡去感觉是不错，但是这对你学习放松技巧没有好处。

渐进式肌肉放松练习指南

将练习指南用录音带录下来，速度不要太快。为每一个动作留出时间，括号内是每个动作持续的时间。录好后，在一个舒适、安静的环境中放录音磁带。可以坐在舒适的椅子上或躺在床上、沙发上、地板上做练习。

现在开始听录音。轻轻闭上双眼，安静地坐几秒钟，将注意力集中到平缓的呼吸上（30秒）。

1. 双手握拳，感受前臂、手、手指的紧张感。将注意力集中到紧张感上，默默感受这种不舒服的拉扯感。持续这种紧张感（10秒）。释放紧张感，放松手臂和手。将注意力集中到手上温暖而沉重的感觉，注意将这种感觉与之前的紧张感作对比。将注意力集中到放松的手上（20秒）。

2. 弯曲手臂，将双肘牢牢靠近身体。在双肘往里靠的同时，收缩手臂肌肉。感受手臂、肩膀、背部的紧张感。将注意力集中到这种紧张感上（10秒）。放松手臂，自然下垂。细心感受手臂上沉重、温暖、放松的感觉（20秒）。

3. 现在做小腿部分练习。双脚往后弯曲，脚趾头尽力往双耳方向靠。感受双脚、脚踝、小腿部位的紧张感。持续这种紧张感（10秒）。释放小腿的紧张感。注意感受小腿放松后的舒适感（20秒）。

4. 双膝靠拢，双腿抬起，离开床或椅子，大腿上的紧张感逐渐加强。注意感受大腿的紧张感和臀部的拉伸感。感受这种不舒服的感觉（10 秒）。释放这种紧张感，大腿自然落到床上或椅子上。用心感受大腿放松的感觉（20 秒）。

5. 吸气，腹部贴向脊柱方向。感受腹部的紧张感（10 秒）。放松腹部。感受腹部放松、温暖的感觉（20 秒）。

6. 深深吸一口气，憋住气（10 秒）。感受扩展开的胸部的紧张感。慢慢呼气，紧张感消失。将注意力集中到平缓的呼吸上（20 秒）。

7. 伸展肩部，双肩向双耳方向耸起，感受肩膀、上背、颈部的紧张感。持续这种紧张感（10 秒）。双肩下垂，释放紧张感。注意让双肩尽量下垂。感受紧张与放松两种感觉的不同（20 秒）。

8. 低头，尽量使下巴接触到胸部。感受后颈部的拉伸感和紧张感（10 秒）。放松，释放颈部紧张感。用心感受颈部肌肉的放松感（20 秒）。

9. 咬紧牙齿，感受下巴的紧张感。感受这种使劲拉伸的感觉（10 秒）。再释放紧张感，嘴巴张开，放松脸部、下巴肌肉（20 秒）。

10. 皱眉，将眉毛往中间挤，前额形成紧张感。感受这种紧张感（10 秒）。释放紧张感，舒展眉毛，放松前额（20 秒）。

11. 这时你的整个身体可能会有放松、沉重的感觉。每次慢慢呼气时，默念“放松”，想象你在呼出体内所有的紧张感（做 10 次呼气）。

12. 将注意力集中到双脚上，感受温暖、沉重的感觉（30 秒）。让这种温暖、沉重的感觉传遍双脚，再蔓延到小腿。让这种感觉停留（30 秒）。让这种感觉蔓延至大腿，再感受臀部变得越来越温暖、沉重（30 秒）。再将这种温暖的感觉蔓延到腹部，停留（30 秒）。再延伸到背部（30 秒），胸部（30 秒）。让上半身感到温暖、沉重、放松（45

秒)。将这种感觉传送到手臂(30秒),到达双手(30秒)。继续感受这种感觉。手臂和手产生温暖、沉重感后,让这种感觉再传至双肩(30秒)、颈部(30秒),最后到达脸部和头部(30秒)。

现在停止听录音。做这个练习时,想想你的感受。尽力将注意力集中到放松时的感觉。记住不同部位放松时的感觉很重要。第一次练习时,如果没有感受到放松的感觉,不要气馁。可能要重复做几次才会达到预期效果。为了达到最佳效果,接下去两周每天至少做一次练习,然后再开始下一步练习。

缩短放松练习的时间

如果你已经坚持两周做上面的练习,能够感受到放松的感觉,那么你现在可以做下一步练习了。还是找一个舒服、安静的环境坐着或躺着。轻轻闭上双眼,平缓地呼吸。吸气时,默念"放松",想象你在释放体内所有的紧张感和挫败感。

这一阶段的练习,跳过绷紧肌肉和放松肌肉步骤,只需要重复前面第12个步骤。从双脚开始,想象温暖、沉重、放松的感觉传遍身体每一部位。回想之前做练习过程中身体每一个部位放松时的感受。例如,想到肩膀,就双肩下垂,回想放松的感觉。将注意力集中到身体某一个部位,直到有温暖和放松的感觉,再将这种感觉传到下一个部位。慢慢将这种感觉传遍身体每一个部位。记住,做练习时呼吸要缓慢而均匀。

重复练习,最后你会回想起放松的感觉。接下来两周每天做一次这种练习,然后开始下一步练习。

在愤怒时做放松练习

经过训练，只要回想起放松的感觉，你就可以让身体的不同部位得到放松。为了使放松练习真正对你有所帮助，你要学会在不同的情况下放松自己。你可以想象某些场景，作为你训练的背景。

想象是一种技巧，心理学家运用想象帮助来访者训练不同的技能。你可以运用想象力，创造出两种让你感到生气的场景，然后在脑海里演示这两种场景。通过想象的场景，你真的让自己发火了，这时运用放松技巧减轻愤怒情绪。为了创造出让人气愤的场景，你可以想象自己正在创作一本迷你电影剧本，每一个场景有一页篇幅，勾勒出让你很生气的事件。这些场景包括所有重要的细节，如景色、声音、气味、人们说的话、你的感受。第一幕写真实的生活经历，只是让你产生中等程度的愤怒。第二幕关于真实生活场景的内容会让你非常生气。

下面是一个广告部门经理弗兰写的第一幕。

这天我像平常一样驾车去上班。我迟到了约5分钟，老板玛丽·安妮把我叫到她的办公室。她的办公室很宽敞，铺着灰色地毯。墙是白色的，挂着几幅画，画的是帆船。她穿着黑色工作服，表情严肃。自从一年前玛丽成了我的上司后，我们的关系一直不融洽。她总是找各种理由想要拆散我们部门。我们部门的预算被缩减，我不得不裁掉几个优秀的员工。对这点我一直感到很生气。而且，她抱怨我们的工作质量不行，这点对我们尤其不公平，因为我们部门的资源缩减了，质量自然会受影响。

玛丽让我坐在她那张大木桌子对面。她向我宣布，我的部门不能再管理一项大的账目。我马上感到肩膀发紧，还有点恶心的感觉。我努力控制自己，不让自己发火，但我很想好好骂她一顿。我对自己说，这太不公平了，她是故意这么对我的。我还马上想到，她以及其他部门的经理也许正在计划缩小公司规模，而我最终将被辞退。到时候我拿什么付清账单？我的孩子们怎么办？我很想大声叫喊，但却只能坐在那儿，内心充满愤怒。

第二幕难度更大。剧本内容尽量以现实生活中发生的事件为基础，但可以夸大其词，夸张到你能想象得到的最坏的地步。迈尔斯在开车时很难控制自己的愤怒情绪。他想象的第二幕场景如下。

一天晚上，我在下班回家的路上。天气很热，太阳刚下山，我感到衬衫紧紧地贴在身上。开着开着，发现前面停了很多车，前方有路障。我正在等待清理路障的时候，从眼角瞥见一个家伙开在路肩上（这是违反交通规定的），超过了其他人。我感到肌肉发紧，想："这太不公平了！"忽然，这个家伙想要插到我前面。我不理他，继续向前直线行驶。他按喇叭，并冲我大叫。我还是不理他，想："混蛋的是这个家伙，不是我！"忽然，他从车窗探出头来，朝我的车吐口水。他让我停车，说想揍我。我气得浑身发抖，冲着他大叫，想停下来教训他一顿。

写下让你发怒的场景后，如果将内容用磁带录下来，效果会更好，在你以后做练习时，可以重播录音。要利用这些场景进行练习，先要找到一个安静的地方，做之前两周在做的放松练习。当你感到放松后，想象一遍让你生气的第一个场景（可以借助于录音磁带）。回顾这个场景时，想象你真的经历了这个场景，不要仅仅将其看作电影内容，而是尽量感觉自己真的参与其中。当你想象这个场景时，慢慢积累愤怒和紧张的感觉。协调生气时的各种身体信号，如心率、呼吸、不同部位的紧张感、想法，等等。

回顾完第一个场景，你的身体产生了一些愤怒和紧张的感觉，这时再做放松练习。将注意力集中到每一个部位的肌肉上，让温暖、沉重、轻松的感觉蔓延到全身。

在紧张感有所缓和，感到轻松了一些后，再想象一遍第一个场景。像第一次练习那样，在想象过程中聚积愤怒情绪。回顾完第一个场景，再重复放松练习，直到你再一次感到放松、平静。交替做放松练习和愤怒场景回顾，每一个练习阶段训练 3 次。练习阶段的内容如下：①先做放松练习，接着回顾愤怒场景，再做放松练习；②回顾愤怒场景，做放松练习；③再次回顾愤怒场景，做放松练习。每次都是以放松练习开始和结尾。

利用第一个愤怒场景进行练习，经过几天的训练，你会达到一种状态：想起这个场景时，很难感到愤怒。这时候可以利用第二个愤怒场景练习了。步骤与利用第一个愤怒场景进行练习一样。

这个方法有几个好处。第一，进一步加强了应对困难情况的放松技巧。你学会了在开始生气时就让自己冷静下来。第二，通过一次次地想象让人愤怒的场景，最终你会习惯这些场景。慢慢地，你对这些场景的生理反应会减弱，如果现实生活中真的发生这些情况，你不大可能会有过激反应。

当然，你完全可以想象另外一些让你感到生气的场景，这样有助于你进行训练。面对新的困难时，想象一个场景，然后进行放松练习。通过这种方法，在面对很多让你生气的情况时，你都能放松自己的身体。

背诵理性话语

在做想象愤怒场景的练习时，你还可以运用另一种方法：背诵理性话语。这些话语是用来帮你克服愤怒思想，让你关注更为理智、有益的想法。本书前几章的一些话语也可以用来作为应付话语。

例如，在回顾了一遍让人愤怒的场景后，默诵几段理性话语，再做放松练习。下面是弗兰在回顾想象的场景后用的理性话语。

"受到这样的对待，让人不舒服，但还算不上糟糕。虽然我现在还在这家公司工作，但我可以找找其他工作。"

"生活中总是要遇到不公平的事情。我能够忍受，不会生气。"

"尽管她这样对我，但也许她的上司在给她压力，而我对此并不知情。如果我认为她在针对我，对我自己也没有好处。"

迈尔斯在他回顾想象场景时或在开车过程中，背诵如下理性话语。

"如果所有人在开车时都为别人想想，那就最好不过了。但是实际情况不是这样的。总是有些司机不为他人着想。"

"我能够忍受别人的粗鲁，我没必要生气。事实上，我生气的话，只会让情况变得更糟。"

"我开车时，其他人变道插在我前面也不是什么糟糕的事情。我可以应付。"

"尽管有些人在开车时不为他人着想，他们在其他方面可能还不错，他们只是急着去某个地方。"

想出这些理性的话语后，回顾一遍让你生气的场景，然后背诵这些话语，再做放松练习。

将技巧应用到现实生活中

运用这一章提出的减轻愤怒的技巧进行训练后，再将这些技巧应用到实际生活中。首先，以你身体的紧张感作为警告信号，提醒自己是时候将学到的新技巧付诸行动了。不要等到你的愤怒情绪即将爆发才运用这些方法。愤怒一旦聚积到较高程度，上述技巧就很难再发挥作用了。这些技巧运用在愤怒产生的初期阶段效果最好。

当你开始发怒时，重复你自己想出来应付困难的理性话语。你可以将这些话语写下来，或记住，或用录音带录下来。碰到糟糕的情况时，能够用得上。

接着你可以做平缓的呼吸。在呼气时，默诵“放松”。每次呼气，都想象你在将体内所有紧张感呼出去。接着，将注意力集中到身体的某一个部位，回想起温暖、沉重的放松感觉。在呼吸时，尽量回想起放松的感觉，让这种感觉蔓延到全身。

与本书提到的多数技巧一样，如果你坚持将这些技巧运用到现实生活中，下次你就会自然而然地运用这些技巧。当然，应用过程中可能会遇到挫折。这个时候不要灰心，重新练习。你可以想出各种新的愤怒场景，利用这些场景练习应付可能出现的糟糕状况。当你感到紧张或非常沮丧时，就运用这些技巧。

第12章

控制愤怒的其他思维方法

理性情绪行为疗法对性格理论和心理治疗来说都是一种具有开创性的思维方法，同时又是一种情绪及行为方法。到目前为止，我们只论述了一种分析及根除愤怒思维与感觉的认知方法，即质疑非理性信念的方法，属于理性情绪行为疗法的 D 阶段。虽然 D 阶段很复杂，包括辨别与辩论步骤，但是这种质疑方法只是解决愤怒问题的一种思维方法。

如果你真的坚持不懈地严格遵从质疑方法做练习，你可能不需要其他认知方法来分析并消除非理性信念。然而，理性情绪行为疗法治疗师经过多年实践，发现另外几种可以帮你改变自我挫败思维的方法。现在我们来分析这几种重要的控制愤怒的思维方法。

利用质疑非理性信念的练习

首先，你可以利用质疑非理性信念这种技巧。这种技巧能有条理地摧毁你那些绝对化的信念。也许你只是偶尔使用质疑非理性信念这种技巧，也许你经常使用（如连续多天每天花几分钟时间做练习）。我（阿尔伯特·埃利斯）在修订版的《如何与一个“神经病人”相处》（*How to Live With a“Neurotic”*）、《理性生活指南》（*A Guide to Rational Living*）的最后一章，以及一些由理性情绪行为疗法学会出版的单独的小册子中，对这种技巧有所论述。现在再次介绍这种技巧，你可以将它专门用于控制愤怒情绪。

我们还是以杰克和琼的例子作为分析对象。杰克和琼答应与你合租一套公寓，并且说服你花了一笔钱将房子做了整修，最后他们不守诺言，拒绝搬进来与你合住，也拒绝赔偿整修费用。这种做法对你很不公平，也很不负责任。你感到非常生气，但经过理性情绪行为疗法ABC阶段的分析，你很快发现主要是你自己的非理性信念导致愤怒情绪的产生。你的非理性信念是：“他们绝对不应该对我这样不公平！”

现在你运用质疑非理性信念这一技巧来挑战这个想法。你问自己下面几个问题，最好是将每个问题及答案写在一张纸上，这样便于检查和添加内容。

问题1：我要质疑并放弃的非理性信念是什么？

答案：“他们绝对不应该对我这么不公平！”

问题2：理性地想想，我能够支持这种信念吗？

答案：“我想我不能。”

问题3：有什么证据证明这种信念不对？

答案：1.“也许他们对我也没那么不公平。是的，在我看来，他们的行为是完全错的，不负责任的。但是他们以及其他人可能会有不同的看法。他们的看法可能也有某些道理。所以，我不能百分百肯定他们的做法是错误的、不负责任的。”

2.“就算根据通常的道德标准，我可以证明他们做错了，对我很不公平，但是有哪条法律规定他们不应该或不可以这样做，有哪条法律规定他们必须行事公平？没有！尽管我和其他人认为他们应该对我公平，他们显然不是必须这样做。”

3.“如果他们应该或必须公平地对待我，那么他们肯定会这么做，他们怎么可以不做他们必须做的事情呢？而事实是他们没有公平地对待我，这证明他们没有理由必须这样做。”

4.“当我对自己说：‘他们不应该对我这样不公平’，我的意思是：①他们不公平对待我的条件不应该存在；②即使条件存在，他们也不应该这样做。但是，在他们不公平地对待我时，那些条件（他们的生活、经历、性格、生理结构，等等）确实存在。既然这些条件存在，他们为什么不利用已有的条件这样做呢？假设他们的父母强烈反对我希望他们做的事，而他们又过分信赖父母，因而赞同父母亲的想法，不遵守与我的约定。我认为他们不应该对我这样不公平，其实我是在坚持认为他们的父母亲不可以有不同意见，而他们也不应该赞同父母亲的意见。但是我有什么理由使他们的父母亲放弃自己的意见，或使他们不听从父母亲的意见呢？显然，我没有！”

5.“我要求他们不要对我不公平，其实我是基于这样的观点：‘从理论上说，他们不应该对我不公平，因此，事实上他们也不应该这么做！’但是这个推论显然不能成立：这个前提在逻辑上不能推导出这个结论。从理论上说，他们不该对我不公平，不管这种观点多么正确，都不意味着他们在事实上必须公平对待我。”

6.“我要求他们对我公平，说明我坚信一点：‘因为我非常希望他们这样做，他们必须按我希望的那样去做！’但这种观点怎么能成立呢？显然不能！”

7.“我还有一种想法，认为自己在这件事情上对他们很公平，因此他们应该、必须同样公平地对待我！又一个疯狂的想法！”

8.“他们对我不好，因此我觉得他们是坏人。即使我向所有人证明他们确实对我很不公平，但是我因为他们讨厌的行为而给他们及他们的人格贴上‘坏’的标签，这种做法是过度概括，是不正确的。他们肯定还有某些好的品质。我有什么理由认为他们一无是处？

9.“当我说‘他们不应该对我不公平’这句话时，我其实用‘应该’这个词假定了一个绝对的‘必须’。我不是说：‘他们最好对我公平点’，或‘如果他们对我和其他人公平点，很可能对他们自己和他人都有好处。’相反，我武断而绝对地认为‘他们必须对我公平’，但是据我所知，我不能证明任何绝对的事情，而且想出这种绝对的想法并让自己完全相信这种想法，没有任何用处。”

10.“我不能证明自己的想法——他们不应该对我不公平——的正确性，但我可以证明一点：如果我继续坚持这个想法，我很可能会对他们感到愤怒，而且这种愤怒情绪可能会持续几个月，甚至几年。这样的话，我就不能很好地跟他们相处。虽然我不能证明这种让我愤怒的想法的正确性，但这种想法带来的恶劣后果却是很容易被证实的！因此，我最好是放弃这种想法！”

11.“我要求他们公平地对待我，这意味着我不能忍受他们的不公平行为，只有当宇宙中某种力量改正他们错误的行为方式，让他们公平对待我，这样我才能快乐地活着。显然，这种想法简直是胡扯。虽然我不喜欢他们的不公平对待，但是我能够忍受，如果我不再傻乎乎地生他们的气，那么不管他们过去、现在、将来如何不公平地对待我，我都能够相当快乐地活着。”

问题4： 我认为杰克和琼不应该对我不公平，他们做了不应该做的事情，因而是坏人。有没有证据证明我这种想法是正确的？

答案： “没有证据证明我可以这样想。我可以获得一些证据，证明他们对我不公平，也许其他很多人也一致认为他们对我不公平。因此，我可以断言，他们的行为不好、不道德。但是，我没有任何证据证明他们是坏人。所以，我的想法充其量只是部分正确，而很大部分是夸大其词，是不正确的。”

问题 5：如果杰克和琼继续不公平地对待我，对我来说真的有那么糟糕吗？

答案：1.“由于他们答应与我合租公寓，我花了时间、精力、金钱来整修房子，现在我不能得到赔偿；由于他们没有遵守约定，我还要继续忍受由此带来的不便。”

2.“对于我们之间的分歧，他们可能跟其他人解释，说他们没有做错，错的人是我，这样的话就会给别人错误的印象，损害了我的名誉。”

3.“由于他们不喜欢我，可能还说服其他人也不喜欢我，因此可能会给我带来更多麻烦。”

4.“他们不遵守约定，导致我一个人住在新的公寓里，或不得不找其他人同住，这很可能会很麻烦。”

5.“今后如果我们继续保持联系，可能还会有争执。即使目前的分歧得到解决，我们之间总还是存在不愉快的记忆，不再有之前的信任和友谊了。”

“上述任何一种情况发生的话，结果都不好，但不至于糟糕。我能够忍受这些，还是会相当快乐地生活。”

问题 6：即使我不能阻止杰克和琼继续不公平地对待我，会有什么好的事情发生，或者我能够做什么使好的事情发生？

答案：1.“我因他们的不公平行为而与他们当面对质，还试图改变他们对我的态度和行为（尽管没有成功）。通过这些做法，我增强了自信心。”

2.“我自己一个人住也可以过得很开心，或者可以另外找个人与我合住。”

3.“我可以将为维系与他们的友谊而花的时间和精力，用来做对其他人友好的事情，或以其他方式让自己开心。”

4.“为了让他们改变想法，不再对我不公平，我与他们进行交涉。在此过程中我的讨论技巧和争辩技巧得到了训练。”

5.“我可以将这一不公平事件看作一种改善自己态度的挑战；我明白了当其他人对我不好的时候，我的愤怒情绪在很大程度是我自己造成的；我改变了自己的导致愤怒情绪产生的一些想法；今后再碰到不公平的情况，我可以做更多有益的行为，控制具有毁灭性的愤怒情绪。”

这种练习只是罗列了几种重要的质疑非理性信念的方式，以应付糟糕的情况。这种练习是质疑非理性信念的系统方法：当你在C阶段感到烦恼时，通过一整套特定的问题不断质疑非理性信念。当然，你也可以将这种质疑非理性信念的技巧应用于解决其他情绪问题，如焦虑、抑郁、失望、自我怜悯、低挫折容忍力。可能你已经发现，这种方法采用步步为营、井然有序的方式，目的是让你经常使用这种方法，并鼓励你将问题写下来或录音，这样就可以不断检查之前的质疑过程并加以改进。

指称技巧

根除非理性信念的另一种认知方法由约瑟夫·丹尼什（Joseph

Danysh）创造。约瑟夫在他的著作《如何轻松戒烟》（*Stop Without Quitting*）一书中对这种方法有所论述。该方法运用了阿尔弗雷德·科日布斯基（Alfred Korzybski）提出的普通语义学原理。科日布斯基认为，所有人都会有过分概括化的倾向，容易产生误导性理解。人们因语义理解能力差而得出不准确的结论，导致挫败感和不健康的行为。科日布斯基的一些追随者，如温德尔·约翰逊（Wendell Johnson）与早川（S.I. Hayakawa），将科日布斯基的理论应用于治疗情绪困扰问题。他们的很多思想被理性情绪行为疗法采纳，一些专家称理性情绪行为疗法为最重要的语义治疗方法之一。

约瑟夫·丹尼什的理论体现了语义过度概括化的原理，他提出的指称技巧（referenting technique）是一种实用的思维方法，让你注意到自己的非理性信念，并以一种实际的方法改变这些信念。

应用指称技巧来解决愤怒问题，具体过程如下。假设某人在过去曾“让你”生气，每次听到有关这个人的情况，你就会非常生气。你很想控制这种愤怒情绪，对自己说:“不要生气，不要生气”，但没有作用。如果说有任何作用的话，那也只是压制住愤怒，但不能消除愤怒。

你的情绪问题很可能与指称失误有关，以一种马虎、固执的方式做过度概括，混淆对一个人行为的看法与对这个人的看法。当有人问你，想起这个人的时候你马上会想到什么，你很可能会这样回答：“他的行为不好、糟糕、不公平、可怕、恶劣。他是个一无是处、总是不公正地对待别人的坏人。我实在受不了他。”

这种将一个人的行为与这个人本身混为一谈的方式是片面的、过度概括化的，会让你对这个人怀有敌意。只要你仍旧将两者混淆，就几乎不可能减轻愤怒情绪，也不可能以更为客观的态度看待对方的行为。

丹尼什的指称技巧使你摆脱片面的、带偏见的看法，用更合适的词语描述他人及他人的行为。指称技巧的运用如下：找一个相对含糊的词（如“行为”一词），然后列出许多构成这个词的专门的词汇，或对这个词做具体描述。丹尼什的方法让你知道，一个词汇有很多不同的意义，而不是只有几个有限的、带偏见的意义。

例如，当你想到一个朋友不好的行为时，列出一张单子，用贬义词形容他的行为，如“坏、不好、不公平、可怕、糟糕、恶劣、讨厌”。然后，尽力想想他有什么好的行为，并记录在同一张单子上，如“虽然这次对我不公平，但大多数时候对人还是公平的；从我的立场看，他的行为不公平，但从他的立场看，很可能还是公平的；他做的事是为了他自己的利益，其实我也是这样；他为人直率、意志坚定、自信，有时候对别人很好，能为他人着想，大体上还是关心别人的”。最后，写下他的言谈举止中不“好”也不“坏”的方面，如“爱好广泛，热爱音乐，不爱运动，经常做公开演讲”。

通过这种指称方法，尽量准确、完整地描述你对这位朋友的各种想法，使你对他的看法是全面、准确的，而不是片面的。这样会消除你对他的行为的片面看法——“坏、不好、不公平、可怕”。你会从多角度看问题，而不是因为某一个特定的行为，凭假想给别人贴上标签。

运用指称技巧，尤其在你对某人感到非常生气时用这种技巧，你就会发现自己不再强调对方的坏品质，对别人的看法会更开明、准确、实际。指称技巧并不是让你自动原谅他人的行为，不再生气，或是接受他人对你的恶劣行为。但是这种方法很有效。如果你经常运用这种方法，就会发现过了一段时间，你不再经常生气，并且不再有强烈的怒气。

矛盾意向法

另一种很好的认知与行为方法是被维克托·弗兰克尔（Viktor Frankl）称为“矛盾意向法”（paradoxical intention）的方法。很多治疗师以不同方式运用这种方法，并以不同的名称定义这种方法。在理性情绪行为疗法中，我们有时将其称为“将非理性信念推向荒谬的地步”。运用矛盾意向法，无限度地夸大一种想法，将这种想法推向荒谬的地步。例如，假设你要某人为你做一件事，但他拒绝了，这让你很生气，你将自己的意图夸大到想要控制他。

“他当然应该做我要他做的事情！我对他的行为有绝对的控制权。如果他说愿意尽力取悦我，后来又不按说过的做，那么我自然可以把他锁起来鞭打他，直到他同意这样做！事实上，如果我要他给我 100 万，或者一天趴地上 10 次，他也只能按我说的做！我要他做任何事，他都要去做！如果他拒绝，我会立即大发雷霆，将他彻底击败。”

像这样将控制他人的想法推到极致，达到荒谬的地步，你就会马上发现自己对他没有控制权，而他有权做他想要做的事情，即便他在行使这项权利时会对你不公平、给你带来不便。你会明白，人的本性不是你要求它存在才存在的。最后，你会放弃这种愚蠢的想法：期望他人按你的意愿做事。

在上述的例子中，你是在脑海里运用矛盾意向法。同样，你可以将这种方法付诸实践。如果某些人不公平地对待你，你感到很生气，但是你不是想着如何去惩罚他们，而是反过来故意强迫自己对他们好。你可以通过很多方式友善地对待他们。如邀请他们参加很有趣的宴会（你知道他们肯定会喜欢的），特意帮他们的忙，给他们不同寻常的关心和善意。这些矛盾行为的作用是：首先，你没有了生气的感觉；其次，你这种容忍的态度，给他们树立了好的榜样，让他们知道，他们的不公平行为并不是一定会让别人生气的；再次，你的行为可能会促使他们重新审视自己的行为，认识到他们对你是多么不好；最后，这样可能会激励他们以后友善地对你，而且为你所受的委屈做出补偿。

我们并不是说，这种容忍的态度每次都是有效的或明智的。但是如果你能够合理地运用这种方法，并且知道自己是故意用这种矛盾方法（不是每次遭受不公平对待都要用这种方法），那么你可能会获益不少，有助于你减轻愤怒情绪。

矛盾意向法也可改变人们的顽固习性。如果他人不公平地对待你，而你也知道他们有情绪困扰问题，结果你还是顽固地继续非常愤怒地对待他们，这样做只是为了坚持自己错误的准则，让自己感到很"坚强"，而实际上你的行为恰恰是软弱的表现。你在小时候可能会跟父母发生这类情况。他们为了你好，劝你在闹钟响起的时候马上起床，以免上学迟到。你不喜欢这么早起来，一直采取抗拒的态度（与你的低挫折容忍力有关）。但是，你同时又清楚，你的抗拒行为老是让你在学校里有麻烦，阻碍你实现一些目标：如在高中获得好的成绩，从而可以进一所你想要进的好的大学。

你会对自己说："我不想为了取悦父母而早起！我才不会这么做呢！如果我这样做了，就证明我只是个按他们意愿做事的傻瓜。等着瞧！我就故意迟点起床，以此证明我的强大，我是按自己的原则做事的！”你这样做只是在自欺欺人。由于父母要你早点起床，你就故意跟他们作对，傻乎乎地认为如果你早点起床，就是在遵循他们的规则，是为他们而做的。你认为遵循规则是软弱的表现，而实际上遵循规则是强大的表现。你顽固地抗拒父母，实际上你的做法表现了你的软弱和愚蠢。

愤怒的情况也是如此。你受到不公平对待，非常愤怒，你知道愤怒对自己不利，可能还会促使其他人对你更加不公平。但是，你不是改变自己这种命令别人做事的思维，而是坚持这种思维，认为自己是理性的，既然自己强烈地感到愤怒，最好还是让冒犯你的人明白他们的错误。你认为，如果自己不这样做，就是“软弱”的表现，就是没有原则，所以你继续生气，即使你已经在一定程度上意识到这样做是不理智的。实际上，即使你还是非常不喜欢他人的不公平行为，但不再生气，这种做法会让你变得更坚强，产生的结果也会对你更有利。如果你不这么认为，故意使自己更生气，报复那个不公正对待你的人，那么你还是会继续感到愤怒。

运用矛盾意向法，放弃自己顽固的想法；不顾他人对你的不公平行为，故意认为他们很不错，并友好地对待他们，通过这些与自己的非理性信念做斗争，往往能够做到放弃非理性信念。运用矛盾意向法，你能够得到更好的结果，获得自己真正想为自己争取的东西，以及自己所希望的良好的人际关系。

雷切尔·黑尔（Rachel Hare）描述了矛盾意向法的另一种形式，我（阿尔伯特·埃利斯）也运用这种形式帮助来访者缓减愤怒的感觉、阻止愤怒的行为。这种方法就是给自己某些限制条件，只有在这些条件下你才能发怒。有一个来访者，每次觉得有人在街上朝他的方向吐唾沫，还溅到他身上的时候，就感到极其愤怒，很想骂人或打人。我劝他给自己订条规则，只有当他有明确可见的证据（而且这个证据最好得到其他人的确认）证明确实有唾沫溅到他身上的时候，他才能发火。由于他很难证明这点，他的怒气平息了不少。

可以将这种方法用到自己身上。当你觉得受到他人不公平对待，因而产生愤怒的感觉和行为的时候，就给自己设立一系列条件。故意对这些条件做限制，如只有在以下条件下才能生气：①每个人都认为他人不公平地对待你；②每个人都认为，你受到的不公平对待给你带来相当大的伤害；③你能够证明，由于受到不公平对待，你损失了一大笔钱。

通过这种矛盾的方法，让自己尽情感受和表达愤怒情绪，同时又故意约束自己。这样的话，你可能很快就明白，你能接受这些限制；你还会知道其实是你让自己生气，而且你有能力限制和控制愤怒情绪。矛盾意向法之所以有效，是因为它使你不再拼命地想："我必须生气"，或"我不可以生气"。这种方法让你在很多可能的反应中做选择，同时让你相信自己可以做出正确的选择。

幽默的方法

如果你以一种过于认真的态度看待某些不愉快的事情，因而让自己毫无必要地生气，幽默能够极大改变你的这种态度。杰里·迪芬巴赫是治疗愤怒情绪出类拔萃的专家，他建议运用无厘头的幽默（silly humor）来减轻愤怒。他认为，拿自己的大发脾气开玩笑可以让你退一步，重新审视一些导致愤怒情绪产生的顽固念头。

理性情绪行为疗法的治疗师经常跟来访者开各种玩笑，让来访者嘲笑自己过于严肃，学会更好地在认知上和情感上接受自己。1976年，我在华盛顿举行的美国心理学会年会上做了一个报告——《作为心理治疗的玩笑》（*Fun as Psychotherapy*）。这个报告如今有点知名度，在那次会议上获得极大成功，因为我当场唱了两首自己创作的关于理性幽默的歌曲。

我在报告中指出：

> 如果人类的困扰大部分是由于过分严肃造成的，如果治疗师要不断批评来访者一些很傻的思维方式（就如同理性情绪行为疗法的治疗师所做的那样），那么有什么比幽默和玩笑更适合做这类质疑工作的吗？……我简单地提一下，我所说的用于治疗的幽默包括所有类型的玩笑，如极端思维、荒谬思维、矛盾的意图、双关语、俏皮话、反讽、奇思异想、富于感染力的语言、俚语、故意使用粗鄙的语言，等等。

运用这种方法，你就会在生气时经常嘲笑自己的想法过于夸张，比如认为别人必须做什么事情来让你高兴，或者为了让你的生活更轻松，事情应该是怎样的。通过这种方式，在认知上和情感上抨击了愚蠢的信念。当你要求别人有良好的行为时，就跟自己说："是啊，我自己什么事情都做得很完美。我从来不会对人不公平，从来不会违背承诺。是的，几乎从来就没有！"当你认为自己绝对需要得到别人的赞同，而别人太坏了，就是不赞同你，这时你提醒自己，你已经将自己变成一个失去自我的、依赖他人的大懒虫或者把自己当作世界的掌控者。当你因为经济、政治、社会环境不好而抱怨、尖叫时，你对自己说："是啊，这个世界是由我控制的，我想要发生的事情，一定得马上发生。每个人都要忍受挫折和烦恼，但我除外。"

记住一句话："不管你喜欢不喜欢，生活通常总是充满各种烦恼，有苦也有甜！"我们经常对来访者讲这句话。如果你要求必须给你一种确定性，如果不能保证获得成功、爱情、公平、舒适的生活，你就无法忍受，这时你就跟自己说："我要将一份证书铭刻下来，这份证书绝对保证（没有一丝一毫的疑问）我能在瞬间得到我想要的东西。这样我就能开心地生活，不必为任何事情生气！"

运用幽默的方法针对自己一些疯狂的想法（当然，不是针对你这个人）。如果你想对自己或其他人唱关于理性的幽默歌曲，可以从歌曲本《理性歌曲选集》(*A Garland of Rational Songs*) [⊖]中挑选以下几首。

埋怨，埋怨，再埋怨！

（配耶鲁大学《威芬普夫之歌》的曲调）

我不能将所有的愿望实现，
埋怨，埋怨，再埋怨！
我不能将所有的失意抚平，
埋怨，埋怨，再埋怨！
生活欠我太多，

⊖ 由阿尔伯特·埃利斯作词。版权为理性情绪行为疗法阿尔伯特·埃利斯学会所有。

命运需赐我永恒的幸福！
如果得不到这些，我就要
埋怨，埋怨，再埋怨！

完美的理性

（配路易吉·邓札的《缆车》的曲调）

有人说必须要有一个正确的方向，
我赞同，我赞同！
有人说，只要有一丝不完美，
他们就没法忍受，我赞同！
我必须证明自己是个超人，
优越于他人！
我聪明又睿智，
总是与伟人齐肩！
完美的理性
是唯一适合我的东西！
如果我犯错
我该如何继续生存？
理性对我而言，就是完美！

我希望我没疯

（配丹·埃米特《迪克西兰》的曲调）

哦，我希望我没疯，
完整光亮如漆皮！
哦，如果是那样，

该有多美好！
但是命中注定，
不能如愿。
哦，像爸爸妈妈那样疯狂，
多让人心伤！
哦，我希望我没疯！太好啦，太好啦！
我希望我的想法
没有那样糊涂！
我当然可以决定，不再那么疯狂，
但是，该死，我怎么如此懒惰！

爱我，爱我，只爱我！

（配《扬基歌》的曲调）

爱我，爱我，只爱我，
没有你，我会死！
向我保证，你的爱永不变，
这样我才不会怀疑！
爱我，一心一意爱我，
这样我才能活下来。
如果我只能靠自己，
我会恨你直到死！
爱我，永远爱我，

全心全意。
若你不能一心一意爱我，

我的生活将变成烂泥一堆。

爱我，给我柔情蜜意，

没有如果和但是。

假如你爱我少一点，

我会恨你恨到骨头里！

对关系亲密者控制愤怒情绪

多年来我们一直接受婚姻和家庭咨询。经常有人问我们，如何才能控制自己不对伴侣或关系亲密的人发火。他们确实应该控制愤怒！著名婚姻顾问戴维·梅斯（David Mace）博士在《婚姻与家庭咨询杂志》上发表了一篇颇有见地的文章。文章指出，有意识或无意识的愤怒情绪比其他任何因素都更会影响感情，破坏亲密关系。梅斯博士批判了乔治·巴赫与其追随者提出的“婚姻争斗”概念，他认为如果你经常与伴侣争吵，与其表达或转移愤怒情绪，不如用理性情绪行为疗法来消除愤怒。

他列举了三种主要方法：

1. 承认自己发火了。告诉你的伴侣：“我对你很生气”，就像你说“我很累”，“我很害怕”一样。
2. 认为愤怒情绪有害健康，因而要舍弃。即使你的伴侣对你不好、不公平，你也要面对一个事实：在很大程度上是你自己导致愤怒情绪的产生，其实你不必这样，你生伴侣的气，并且将这种情绪表达出来，会伤害彼此的关系。
3. 让伴侣帮助你。告诉他，你不能很好地处理愤怒情绪，看对方是否有什么好的建议，使你摆脱这种情绪，改善你们的关系。

对梅斯的建议，我们非常赞同。我也在《婚姻与家庭咨询杂志》上发了一篇文章，作为梅斯那篇文章的续篇。我在文章中增添了几种理性情绪行为治疗方法，帮助你控制自己对伴侣或其他关系亲密者的愤怒情绪。

4. 向自己承认发火了。不仅仅是告诉伴侣你生气了，而且要坦率地告诉自己："让我面对这件事。我实在对我的伴侣很生气。不只是对他的行为感到不高兴、烦恼，而是对他这个人感到生气。我是在谴责、要求他。"只有这样，你才不会感到愤怒，才不会只是嘴上承认自己的愤怒情绪。向自己承认愤怒情绪，并且设法平息怒气，只有这样，你才可以选择表达或不表达自己的情绪（取决于你的伴侣是否脆弱，或其他特殊的因素）。
5. 对愤怒情绪，你要负全责。要毫不犹豫地承认，是你自己导致愤怒情绪的产生。告诉自己："也许我的伴侣对我不好、不公平，但是他只是让我感到沮丧，因为他没有按我的意愿做事。我对他的行为感到恼火、生气，这些是健康的负面情绪，因为我确实希望他不要这么做，但是他还是这样做了，我感到难过。但是同时，我要求、抱怨他不可以那样做；必须按我的意思做；如果他不按我的意思做，我的生活将变得很糟糕，而他就是一个彻彻底底的坏人。由于上述这些想法，我让自己生气，这是不健康的。我以这种方式思考问题，因此对伴侣感到愤怒。如果我愿意，我可以不这样想问题，将愤怒情绪转变为健康情绪，如失望、伤心、烦恼。"如果你以这种方式承认生气完全是你自己的责任，你可能会消除大部分愤怒情绪。

6. 接受有着愤怒情绪的自己。如果你因自己有各种神经质症状（如愤怒、焦虑、抑郁、无用感）而谴责自己的话，会阻碍你摆脱这些症状。如果你因自己对伴侣生气而将自己看成一个懦夫，那么一个像你这样的懦夫怎么可能做事情不懦弱呢？如果你一直责备自己不该愚蠢地生气，那么你怎么会有时间和精力去弄明白，到底是什么让你产生愤怒情绪，该如何在最大程度上减轻愤怒情绪？

接受有着愤怒情绪的自己，并不是像一些心理学论文声称的那样，认为最好将愤怒情绪看作好的、健康的、有益的情绪，而是要将愤怒情绪看作一种普通的情绪，因为愤怒情绪是我们人类具有的情绪之一，是我们人性的弱点之一。愤怒情绪总是会打败你，如戴维·梅斯所说，愤怒会伤害你与他人的亲密关系。

7. 不要再让自己焦虑、抑郁，不要责备自己。如果你学会接受自己，那么不管你多么生气，不管你生气时的行为有多愚蠢，你都会接受有“错误”或有“坏”行为的自己。如果你能做到这点，你就不会那么脆弱，而受伤害与自我怜悯的感觉通常会让你生气。
8. 找到愤怒的思想根源。承认自己有愤怒情绪后，如果你没有谴责自己，就可以寻找愤怒的思想根源。要认识到一点：每次你感到愤怒，背后总是有一个包括“应该”与“必须”的深层的假设（这本书自始至终都在说明这一点）。因此，找到这些“应该”与“必须”！

对你的伴侣生气时，你经常有种导致愤恨情绪产生的“必须”假设：“你必须对我好，关心我，爱我，支持我”，以及导致低挫折容忍力的“必须”假设：“我生活的环境必须是令人满意的，这样我才能够轻易得到我想要的。”

具体来说，当你对伴侣生气时，你通常告诉自己：①“我的伴侣必须为我着想、爱我，而实际上他对我不公平，不支持我。我不能忍受这种行为！这太糟糕了！他是多么坏啊！”②“我和伴侣在一起的目的，是为了生活得快乐、幸福。但是我们的关系让人不开心，这种糟糕的状况不可以再继续下去了！多么糟糕啊！我受不了了！婚姻生活实在太讨厌了，我真恨，我真恨，我真恨！”

找到你思想中的这些“应该”“必须”，你对伴侣、孩子、生活条件、姻亲、与你伴侣的性关系等都有“应该”“必须”的要求。正如我（阿尔伯特·埃利斯）和罗伯特 A. 哈珀（Robert A. Harper）博士在《成功婚姻指南》（*A Guide to Successful Marriage*）一书中所论述的，一旦你注意到并充分了解这些“必须”，你就找到了恨与愤怒最重要的根源。

9. 区分你对伴侣的期望与你的强迫性要求。你有理由这样想：“我想和我的伴侣一周过两次性生活，而不是两周过一次。”但是你又很傻地加上一句：“因此，他必须按我希望的那样做！”你对伴侣每一个绝对性的要求后面都有某种现实的、合理的愿望。仔细分析你的愿望以及必须满足这种愿望的要求，将两者明确区分开来！
10. 质疑和辩论那些绝对必须的信念。仅仅是知道你对伴侣或对这个世界的要求不能解决问题。你可以很轻松地对自己说："现在我知道了，因为我总是要求我的伴侣按我喜欢的方式做，如果做不到，我就会生气。看来我最好放弃那些要求，将这些要求转化成愿望。"这样很好，但是还不够！

除非你坚持积极地、强烈地质疑、挑战这些要求，否则很难放弃它们。只有彻底改变你思想中的绝对应该的信念，你才有可能减少愤怒情绪。"减少"不是指压制、压抑、避开、隐瞒，而是指转化成健康的负面情绪，而不是有害的愤怒情绪。

11. 运用减轻愤怒的行为方法和情绪方法。这本书（尤其是第9、10章）从头至尾都在强调，你的愤怒情绪是自己造成的，不仅如此，你还通过多种情绪和行为强化了愤怒情绪。因此，你最好用有效的、积极的、指导性的行为方式减轻愤怒。就情绪方法而言，你可以有意对伴侣表现出关爱，而不是怒气冲冲地对待对方；使自己更多地在意对方的想法和感觉；运用卡尔·罗杰斯（Carl Rogers）所谓的"无条件的积极关注"方法，亦即理性情绪行为疗法的"无条件的自我接受"方法；对伴侣的行为，你可以运用不加责备的以自我感受为主导的方式，而不是带责备意味的以他人感受为主导的方式；可以将对伴侣的不满情绪向其他人（如朋友）诉说，而不是直接对伴侣说；可以采取角色扮演的方法；可以运用理性情绪想象的方法，将伴侣的行为想象地非常坏，让自己极其愤怒，然后再将自己的愤怒情绪转化成失望情绪。

至于行为方法，可以运用多种方法对抗强迫性的行为，控制愤怒情绪。例如，你可以故意让自己处在一个令人气愤的情况下，或设法创造这一个情况，从而给自己机会练习如何应付这种状况，在应付过程中改变导致愤怒情绪产生的信念。在与伴侣相处时，如果你没有维护自己的权利，就会聚积起一些不必要的愤怒情绪，这时你可以练习自信方法（而非消极态度）来消除愤怒情绪。你还可以运用操作性条件反射方法和自我管理方法，当你可以做到冷静处理问题时，给自己一些奖励。

当你的伴侣确实做了某些让你心烦的事情，你可以运用行为练习的方法（与一个可以作为榜样的人一起练习，或采用扮演伴侣角色的方式），让自己做出更为健康的反应。你可以与伴侣订立书面或口头协议，做伴侣希望你做的事情，条件是对方也要做一些你喜欢的事情。还可以运用放松训练、冥想、思维阻断方法，或其他分散注意力的方法，让自己至少暂时脱离让人愤怒的情境，给自己时间来改变不切实际的强迫式思维。

你可以通过多种方式，运用这本书中论述的各种减轻愤怒情绪的方法，让自己明白是你让自己对伴侣生气，从而想办法减轻愤怒，享受更多美好的感觉。

How To
Control Your Anger
Before It
Controls You

第13章

控制愤怒的其他方法

你能够做到非常理性地处理并减轻愤怒情绪吗？也许你做不到。前面已经论述过，在危险和逆境中，你很容易发火。有时候这么做还可以保全性命。对折磨你的人或事情，你感到非常愤恨、不满，这些情绪让你烦恼，可能会困扰你。但同时，这些情绪又起到保护你的作用，促使你去改变不好的条件，还会给你带来其他好处。也许彻底放弃这些情绪会有利于你的生活，但是并不总是这样！

任由自己沉浸在“真实”的愤怒中，是解决“势不可挡”的挫败感的好办法吗？并非如此！为什么不采取更为理性的中间立场呢？面对不公正的情况，感到极不高兴，然后尽力改善这种情况，停止抱怨，放弃下面的要求：认为这种情况绝对不应该、不可以存在，如果存在，你的生活就会变得很可怕。为什么不采取理性的方式呢？

具体来说，应付愤怒的实际的、理性的方法包括几点重要的内容，尤其要努力做到以下几点。

- 坚决承认在遇到糟糕情况时，你感到的是毫无意义的愤怒情绪，而不是理性的烦恼情绪。

- 完全承认在很大程度上（不是完全）是你自己让自己发火，幸运的是，你可以选择继续或停止发火。
- 意识到你确实可以控制、减轻愤怒情绪，尽管很难彻底消除这种情绪。
- 认识到愤怒给你和你关心的人带来的害处远远多于好处。
- 下定决心要不懈努力，减轻愤怒情绪。
- 将决心付诸实践，让自己明显减轻愤怒情绪。

按照上述方法以及这本书前面几章提出的方法进行训练。这里另外再介绍几种方法，使你避免陷入有害的愤怒情绪中。

全面回顾愤怒的实际后果

阿尔伯特·班杜拉对愤怒的研究以及斯金纳的强化理论提出了三大要点。第一，愤怒和暴力很少是由“好”的人际交往引起的，而是由包括（或者说从表面上看包括）严重的挫折和贫困在内的某些经历引起的。第二，一旦我们以某种敌意的态度应对挫折和烦恼，我们会得到某种强化效果或惩罚。敌意情绪不是促使我们清除令人讨厌的障碍，就是给我们带来其他满足感（如享受在对手面前的优越感）。敌意情绪让我们受到惩罚，是指受到攻击对象的反击。第三，我们带攻击性的情感和行动让我们得到某种强化效果或惩罚后，我们会权衡这个结果短期和长期的好处或坏处，并改善令人沮丧的条件，然后决定如何应付仍然存在的挫折。

我们再以杰克和琼的例子来说明。杰克和琼答应与你合住一套公寓，并且说服你花钱对公寓做了整修，最后却拒绝搬进来与你合住。他们的行为给你造成了一系列令人泄气的后果。如果你对他们生气，你会得到某种强化效果或惩罚。如果得到的是强化效果，你也许不再和他们做朋友；得到一定的经济赔偿；或在他们面前有种优越感，因此你做得“不错”，而他们做得“很差”。如果得到的是惩罚，你可能会让他们今后对你更差；你们共同的一些朋友会因为你对杰克和琼的报复行为而对你不满；为了获得赔偿，你花了时间和精力，结果却毫无所获。今后，当你碰到类似的挫折和烦恼时，这些强化和惩罚会有意识或无意识地使你或多或少地感到生气。

最后，你生气了一段时间（中间可能还与他们争吵过）后，你（作为一个人）能够回顾整件事，全面地看待这件事。例如，你认为愤怒确实带来一些好处，但同时也影响了你的健康（如血压升高），因此给你带来的害处比好处多。你发现你的敌意情绪让你在杰克和琼面前有优越感，但自负的感觉并没多大意义。你还会觉得虽然带着不愉快和愤怒的情绪，你还是可以获得成功，但是如果你今后远离像杰克和琼这样的人，从而“拦截”了与他们交往带来的挫折，那么你会活得更开心。

换句话说，如果你充分意识到挫折对愤怒情绪的影响，知道伴随愤怒而来的回报或惩罚是什么，明白一时令人满意的愤怒“成果”带来的长期后果是什么，那么你就会了解很多愤怒情绪的复杂根源。然后你会采用各种办法，如改变让你产生愤怒情绪的令人沮丧的事件或逆境；安排各种强化后果和惩罚，使你在面对逆境时不那么容易生气；以一种长远的眼光看待愤怒的不利后果；改变对挫折的看法，使挫折看上去没那么可怕。

正如古希腊哲人所说，知识就是力量。你越是了解愤怒情绪和愤怒行为的生理、社会、认知根源，就越有机会减少愤怒带来的不利后果，找到更好的解决办法，而不是被愤怒情绪牵着走。

尽管挫折不会直接导致愤怒或总是导致愤怒，但是挫折会明显促使愤怒的产生。很多严重贫困的人很容易让自己为贫困烦恼，经常愤怒地猛烈抨击让人沮丧的状况或他人。虽然最好的办法是提高挫折容忍力，但是你也可以明智地减少挫折。

你不必做一份枯燥的工作，与讨厌的朋友相处，让你的伴侣或孩子利用你，或与一个不满意的性伴侣在一起。暂时故意让自己处在这些令人不愉快的状态而不生气，有助于你提高挫折容忍力。但只是暂时的！从长远来看，你有更好的选择。找到那些对你更有利的选择，然后付诸实践。另一方面，不要试图达到零挫折状态（因为根本不可能）。有时候甚至不要追求最低限度的挫折（因为你可能因此而失去快乐）。但是，你确实不需要不必要的限制。想办法减少这些限制，就算不能马上做到，至少最后还是要做到。并且，要经常这样做。快点行动吧！

提高挫折容忍力

愤怒和暴力很少仅仅源自挫折，而是源自低挫折容忍力。发怒时，你会坚持认为让你沮丧的情况应该、必须是不存在的；这种情况是不公平的，而且这种不公平不可以占上风；你不能忍受这种情况；那些阻碍你的人是个彻头彻尾的坏蛋，他们不应该那样做。

你会发现，提高挫折容忍力是对抗这种思维方式的有效方法。

但是如何提高呢？要认识到，总会存在挫折（事实如此），如同不公平总是存在一样。关于这方面，我们要听听埃里希·弗洛姆（Erich Fromm）的说法：

首先，我们要知道一个基本的事实：不接受生活中存在挫折，就不能做成任何重要的事情。认为一个人可以不经过努力，即不经历挫折，就可以学有所成，这种想法只适合做广告标语。若想学到任何本领，有这种想法是行不通的。如果一个人没有接受挫折的能力，几乎很难获得进步。生活中处处可见的一种现象是：很多时候，人们遭受挫折，却没有产生攻击性的反应。通常导致攻击性行为的是一个人对挫折的看法。

为提高挫折容忍力，我们在弗洛姆说法的基础上做几点补充：

1. 承认自己经常有这样的要求：不可以存在挫折。
2. 认识到除非你减少这样的要求，否则你几乎总是要遭受挫败。
3. 坚决放弃这样的要求，以一种愿望（但不是绝对的要求）代替，希望自己遭受的挫折少一些。
4. 将上面的决心付诸实践。

你对挫折的看法是实实在在的，即使挫折无法避免，但你完全可以改变自己的看法。个人的成长靠的不是回避挫折，而是面对挫折，不再抱怨挫折。

克服自恋与夸张

格雷戈里·罗克林（Gregory Rochlin）指出，自恋和孩子气的夸张有深刻的人性根源，是我们很多行为的起因。我们不只是要求其他人爱我们、关心我们，而且坚持要求他们这么做；如果他们做不到，我们常常感到崩溃。这种崩溃是由我们自己造成的，是我们（不是他们）因迫切需要他人的赞同而让自己遭受失败。我们经常愚蠢地声称，他们拒绝了我们的“需要”，从而毁了我们。这种想法经常让我们极为生气，粗暴地对待那些让我们失望的人。罗克林强调，受伤的自尊心经常会导致愤怒情绪产生。虽然罗克林忽视了产生愤怒的其他重要因素，但是他指出了一点：我们对他人产生愤怒情绪，很大程度上是因为他们“伤害”了我们，即“伤害”了我们要求获得认同的自恋心理。

由此可见，如果幼稚的自恋是你愤怒情绪的主要根源之一，你可以放弃自恋。你不必统治这个世界，也不必因为要别人承认你优秀才感觉良好。不存在任何规定，要你必须处于舞台的中心，应该受到他人最起码的尊重。

不是这样的，这个世界不会太在意你，而且很可能今后都不会。而且，你越是有名，你的敌人也就越多。你对别人越好，人家就越是会占你便宜。这个世界对你没有特别的兴趣，以后也不会有。你怎么才能面对并接受这个“残酷的”“冷冰冰”的事实，并且快乐地生活呢？如果你能做到这点，你的愤怒情绪的一大根源（自恋心理）就会明显减弱。

很多年前，弗洛伊德与阿尔弗雷德·阿德勒（Alfred Alder）就已经指出：很多情况下，愤怒源自幼稚的夸张。这点在理性情绪行为疗法早期的作品中也有所论述。我们总是认为，他们能够对我们好，我们可以受益于他人对我们的好，因此他人应该对我们好。正如H.

彼得斯（H. Peters）所说："一些哲学家，如伯特兰·罗素（Bertrand Russell），认为嫉妒作为一种情绪是不适宜的，因为嫉妒是建立在不公平的要求之上，即一个人声称自己在与另一个人的特殊关系中具有某种权利。"

如果每次你对别人生气时，都能充分认识到这样做意味着你对别人提出上帝般的要求，要求他必须给你特殊的对待；而且你有很多次都坚决放弃"必须如何"的想法，代之以"如果这个人能够给我特殊的对待，那就最好不过了，但是很可能他不会这样做"。做到上述两点，你就能在很大程度上减轻愤怒。

密切关注一些夸张的想法！密切关注教条主义的信念！你越是相信某一原则，越是容易忽视它的局限性。记住这一点。在你不发怒，不再坚持认为你觉得对的、合适的想法就绝对必须被接受的情况下，看看你是否能够坚定地追求想要的东西。

丹尼尔 J. 布尔斯廷（Daniel J. Boorstin）指出，历史给我们展示了很多有关愤怒后果的令人震惊的例子，从古代以色列和希腊的旷日持久战，到希特勒发动的大屠杀，再到如今正在进行的无数宗教、政治、经济战争。不仅如此，布尔斯廷还提醒我们，历史还帮我们粉碎了乌托邦幻想，让我们尊重进步的可能性。

弗洛伊德并没有低估非理性的作用，但他在 1928 年说："知识分子的意见是温和的。但是，除非他们的意见被听取，否则他们不会停止发表见解。经过无数次的失败，最终他们会获得胜利。关于人类未来的这一点，我们可以持乐观态度。"理性使用的是历史的语言。

意识到愤怒和暴力的危害

你可能会认为，愤怒和暴力对个人和团体造成如此巨大的伤害，以致每个人都能充分意识到这一点，并密切关注自己的愤怒反应。错了！你可能会对愤怒的危害有一个大体的认识，但是你会经常关注这个问题，清楚地知道愤怒可能带来的伤害吗？我们敢打赌，你不大会这样做！

让我们简单回顾一下你所能想到的愤恨与生气的危害。

老想着报复。虽然表面上看，你生气是为了让别人不再伤害你和其他人，但是你一旦对这些"做坏事的人"感到愤怒，你就很可能看不到他们的"危险性"，一心只想着报复。

欺负弱小。愤怒，甚至是义愤，都可能使你凌辱那些行为不好的人，包括弱小的孩子（很不幸，你能够控制孩子）。如前所述，虐待儿童的现象在美国时常发生。

政治暴力。尽管到目前为止，联合国各成员国能够防止像第一次世界大战和第二次世界大战这样的大屠杀发生，但是无数的国际、国内冲突依然存在。游击战、劫持事件、政治谋杀、绑架、政治宗派之间的公开斗争，以及其他类型的流血事件，在文明国家与文明程度不高的国家都普遍存在。

宗教斗争。正如政治斗争源于对另一团体的恨与固执的反对，宗教斗争也是如此。世界各地存在各种宗教斗争。每一个团体都认为自己观点是正确的，反对者的观点是极其错误的，因此反对者必须被谴责、压制，最好是被消灭。即使是一些爱好和平的团体，当他们对其他宗教团体感到极其愤怒时，也会发生流血斗争和谋杀。

对自己和他人心存偏见。对他人的恨经常让你将对方看作魔鬼的化身，夸大对方“邪恶”的品质。把这些不好的品质归于对方后，你会觉得自己很高尚，而你又会通过更恨对方的方式来维护这种“高尚”的品质。正如玛丽·雅霍达（Marie Jahoda）所说：“鄙视他人，是通过让他人显得低微、卑劣，从而支撑自己摇摇欲坠的自尊心的一种方式。实际上，某些人维持自尊的唯一方法是，为自己不是某类人（或任何一种成为他们内心痛苦的替罪羊的人）而感到幸运。”

呈现你所恨的人的特性。讽刺的是，你因他人低劣的个性（如倚强凌弱、偏见、暴力、傲慢）而恨他们，想尽办法阻止他们，但是通过恨他们以及证明自己阻止他们的行为的合理性，你身上经常会表现出你所恨的人的特性。如果你很恨希特勒，你可能会变成一个希特勒——一个因为不喜欢他人的某些品质而将对方全盘否定的人。威廉·欧文·汤普森（William Irwin Thompson）指出：“我们会变成自己所恨的人”，并说：“都柏林的瑜伽修行者乔治·威廉·拉塞尔（George William Russell）在目睹了北爱尔兰问题的冲突后，将一句格言做进一步阐释，成为一条政治科学原则：‘强烈的仇恨让一个民族形成他们想象的敌人具有的性格。因此，所有激烈的冲突都会导致参与者性格特征的互换。’”

增加不公正引起的麻烦。保罗·豪克（Paul Hauck）在《战胜挫败感和愤怒》（*Overcoming Frustration and Anger*）中说得很对：如果有人故意为难你，你生气的话只会给自己带来双倍伤害。

我认为有两句话对保持冷静很有用。第一句是：我不是上帝，如果我一意孤行，那我就是个神经病。通常这句话能让我很快冷静下来。但是，如果这句话没效果，接下来我会这样想："豪克，放聪明点吧，有人想愚弄你。老兄，这可不妙。你肯定不想出丑吧，不会让那家伙如愿以偿吧。绝对不会！也许他根本不在乎我的感受，但是我在乎。因此，我要尽力不让自己生气。"有麻烦是一回事，麻烦常常是不可避免的。但是让自己惹上双倍麻烦完全是另一回事。

妨碍行动。革命者通常认为，只有对不公正感到愤怒，才能激励自己采取行动，改变恶劣的社会环境。这种想法只对了一部分，大部分是错误的！正如汉娜·阿伦特（Hannah Arendt）所说，暴动和叛乱经常给参与者一种错误的感觉，认为需要行动，其实暴力和叛乱会破坏精心的计划、建设性的行动，以及有效改变社会的长期计划。暴动有时候可能会带来建设性的重组，但通常情况下不会。暴动今后还会继续存在，很可能会妨碍人们采取行动，以改变他们一直强烈反抗的恶劣条件。

妨碍他人的权利。珍妮特 L. 沃尔夫指出，自信和攻击性的区别在于，自信是"直接表达情感或合法权利的能力，不会攻击他人或侵犯他人的权利。相反，攻击行为侵犯了他人的权利，或是谴责他人。"愤怒也有一个本质上是法西斯主义或精英主义的理论，为了自己的"特殊"权利而妨害他人的权利。

妨碍帮助他人改变。你对持不同意见的人越是感到生气，越是充分表达自己的愤怒情绪，就越不可能帮助他们改变想法，让他们接受你的想法。相反，他们更有理由反对你的意见，认为你的愤怒情绪证明你是错的。正如戴维·伯恩斯（David Burns）所说，同意你的批评者的看法，可能会让他们减少对你的批评；强烈反对可能会让他们更加坚信，自己对你的指责是正确的。

挑战归因偏见

你生气时，经常会将一些可怕的意图强加到那些让你受挫的人身上，而其实他们并没有这些意图。很多研究表明，有暴力倾向的青少年持有“敌意的归因偏见”。他们认为别人是故意做坏事（实际上并非如此），以一种“假定最坏情况”的态度面对逆境。

要小心这种情况！如果你将恶意的动机归到对你不公平的人身上，你应该停止这种行为，质疑自己的想法，然后寻找自己受不公正对待的其他原因。

以杰克和琼的例子作说明。杰克和琼违背约定，拒绝与你合租公寓，如果你“确定”他们是故意这么做来伤害你，你就问自己：“我真的知道，他们有这种意图吗？他们这么不公平地对我，是不是有其他原因？他们是否有什么合理的理由这么做呢？我知道全部的事实吗，有些事实是不是我假设的？

了解归因理论。当有人以一种令人沮丧的或不公平的方式对待你的时候，你很可能会将各种动机归到这个人身上，让自己生气。近年来，有不少社会心理学家指出，归因理论对了解人们的情感与行为很重要。例如，拉塞尔·格林（Russell Green）与大卫·斯托纳（David Stonner）做过一个实验，发现男性大学生在观看了暴力电影后，会惩罚那些曾经在言语上攻击过他们的人。有一组的实验条件是，让大学生明白电影中的打斗是出于专业的或利他的动机；另一组的条件是，让大学生以为打斗是出于报复。结果显示，与将打斗归因于利他目的的被试相比，将打斗归因于报复的被试对后来他们要惩罚的对象的态度明显要粗暴很多。

如果你经常将极为负面的、恶意的意图归到让你挫败或攻击你的人身上，那么你要强迫自己不要这么做，并质疑自己的归因偏见，试着找出遭受挫败或攻击的其他原因。以杰克和琼违背约定一事为例，你可能会这样想：

1. 他们确实想伤害你。

2. 他们一直知道自己不会与你合租公寓，但还是故意误导你。

检查这种归因理论！别人很可能让你感到挫败、烦恼，不公平地对待你，但他们因为恨你而这样做的情况极为少见。他们只是偶尔想要恶意地对待你。很多情况下，因为他们自己有某些困扰，才不由自主地对你不好；或者他们没有意识到这样做对你不公平；或者他们认为除非他们对你不公平，否则他们无法解决他们自己的问题。如果可以，找到他们真实的动机。要注意自己这种夸大的归因偏见！

克服自卑感

很多专家认为，愤怒情绪比谴责自己要好很多。

如果你想最大限度地减轻源于不安全感的愤怒情绪，你可以翻阅我们之前的资料，学会不再责备自己。也许你的品质、行为、表现没有你希望的那样好；由于某些条件限制，你可能在某些方面远远不如其他人。这太糟了！很不幸！太不公平了！但是，即使你有某些不如别人的地方，或因一些被你社交圈里的人错误地认为是“低人一等”的表现而被人看不起，你还是没有必要认为自己低人一等，认为自己不配拥有快乐。

你越是无条件地接受自己（没有其他原因，就是因为你选择活着并追求快乐），你就越不大可能以补偿性的愤怒掩饰自己的“不足”。这并不意味着，你不能对抗社会不公，或者为理想而反抗。你完全可以这样做！但是你这样做的目的是想要纠正错误，让自己过得更好，不是为了证明自己的实力、勇气或是高尚的情操。谁才需要这种自我证明？是那些一开始就愚蠢地责备自己的人。

远离毒品和酒精

对容易发怒的大学生和成年人的研究发现，这些人吸毒和酗酒比率很高。有两方面的原因：一是有情绪困扰问题的人容易对某些东西上瘾，他们通常用毒品和酒精来对抗负面情绪；一是问题饮酒者和吸毒者会失去控制，勃然大怒，而如果不是受酒精和毒品的影响的话，他们原本可以控制自己的情绪。

而且，吸毒者和酗酒者处理问题的能力较差，会招致不同寻常的挫折，导致挫折容忍力低下，经常不必要地发火。酒精通常会导致更多攻击性行为。有实验表明，如果你认为自己喝了不少酒，仅仅是这种想法就可能导致攻击性行为。

如果你受愤怒情绪困扰，要小心酒精和毒品。你可以不必完全戒掉，但要特别小心。

认识到人都会犯错

有一点再怎么强调都不为过，那就是人极易犯错，这是人的本性。当然，我们可以改正错误，做得更好。但是，是在有限的范围内！人不可能永远公平、公正、合乎道德、正确、正派。

同时，我们要能够接受他人的过错，原谅他们的罪行。宾夕法尼亚大学的阿纳托尔·霍尔德（Anatol Hold）教授就是一个很好的例子。当时，宾夕法尼亚州的一个年轻人性侵并杀死了霍尔德三岁半的女儿，霍尔德给《费城公报》写了一封不同寻常的信。他在信中说，希望将杀人犯绳之以法，并对他进行心理治疗，但不要判他死刑。霍尔德说他非常想念死去的孩子，感到很悲伤；但同时他非常清楚，这个杀人犯有严重的精神问题，由于极度不自信，认为自己一无是处，才会做出这种事情。对这样一个有心理障碍的人，他实在不能要求处死他。霍尔德教授写道："我最后想说的与公正有关。如果我在这个年轻人正在犯罪的时候抓住他，我希望杀了他。但是既然发生的事情已无可挽回，我只希望能够帮助他。不要让野蛮的报复思想影响我们，让我们帮助一个犯了人会犯的罪的人。"

约瑟夫·斯图瑞克（Joseph Sturek）的情况极为相似。斯图瑞克是纽约中艾斯利普州公立医院的一位心理健康治疗助理，他 12 岁的女儿詹妮弗被人残忍地杀害了，几天后被他 16 岁的儿子和几个朋友发现，斯图瑞克非常伤心。有明显的证据证明，凶手是他的邻居，一个 15 岁的男孩。斯图瑞克说："我们必须原谅这个孩子。他有严重的心理疾病。詹妮弗也会希望我们原谅他。"

你可以做什么来激发自己和他人的同情心？是的，你可以，只要你接受人都会犯错的信念，认识到报复带来的伤害，并对抗人容易发怒的特性。

虽然人的攻击性有很强的遗传因素，但是没必要让它不加节制地发展。我们可以教育孩子少点争斗；可以通过接受和原谅他人，给孩子树立一个榜样。不要期望奇迹发生，因为强烈的好斗性格不会那么容易消失。但是，如果我们可以训练“天生”就是敌人的动物（如狗和猫，猫和老鼠）和平相处（这点我们绝对可以做到），那么我们也可以鼓励“天生”就是对头的人少一些攻击性行为。为什么不试试呢？

控制义愤情绪

“义愤”一词听上去很不错，因为当你感到义愤时，你绝对清楚对方是错的，你完全有理由进行阻止。而且是不惜一切代价地去阻止！

这样做真的好吗？

其实没那么好。

如果你的义愤情绪让你非常愤怒，导致暴力行为（通常会出现这种情况），那么在你发泄这种情绪之前，要好好想想。考虑以下几点：

1. 对方的看法是否也有某些道理？再好好想想他们的信念。他们的信念真的完全错了吗？每次都错吗？
2. 就算你没有发现对方的看法有何可取之处，但他们是否坚信自己的看法是正确的？无论你觉得他们多么执迷不悟，难道他们不是有执迷不悟的权利吗？
3. 你真的了解他们“错误”的看法吗？你有没有认真听他们说，再仔细想想，他们说的是不是你最初认为的意思？如果你告诉他们你对他们看法的理解，他们也认为你的理解无误，在这种情况下，你还会生气吗？还会与他们继续争论吗？

4. 运用理性情绪行为疗法，让自己明白，即使你毫无疑问是正确的，对方确实是错误的，你也不必向他们证明这一点。你不必纠正他们，无论你多么想要这么做。
5. 假设对方是绝对错误的（这个假设很危险），还是要承认自己的义愤情绪总是有非理性的成分。当你感到强烈的愤怒时，你首先“理性地”说，对方的行为非常差劲，这点通常来说是真的。但是，你同时又“非理性地”胡言乱语，说他们绝对不可以这样做；如果他们这样做了，就说明他们是彻头彻尾的坏人，应该为他们的恶劣行径受到毁灭性的打击。由此可见，你的义愤通常是极端的愤怒，谴责犯错的人以及他们所犯的错误。
6. 你可以运用理性情绪行为疗法，让“邪恶的”对方明白：当他们行为“失当”时，也许他们正在反抗“不公正”或“坏事”，但是他们为这种不公正或坏事让自己很烦恼，坚持认为这些事情绝对不可以发生，并且在反抗过程中走向极端。他们这种做法是不对的。你也许可以用理性情绪行为疗法让对方冷静下来，改变行为。但是不要指望这种方式一定有用！

非暴力原则。暴力作为一种理论，在人类社会一直占据统治地位。只有少数几个著名的例子是利用有计划的、切实可行的非暴力手段达到目的，而没有与对手展开公开战争。甘地为了让英国放弃对印度的统治权而进行的持久战就是其中一个例子。

克里斯托弗·拉希（Christopher Lasch）指出，印度的非暴力原则

（或称为非暴力的消极抵抗和不合作主义）认为所有人身上都潜藏着正义的品质，正义感是人性的一部分："预先假定某些对手没有正义感，其实是在谴责他们没有人性，这样会陷入傲慢自大的说教，而非暴力原则从一开始就建议我们放弃这种自大的说教。"

艾瑞克·埃里克森（Erik Erikson）对甘地的非暴力方式赞赏有加。他指出，甘地的理论是：对对手实施暴力其实就等于对自己实施暴力。马丁·路德·金也赞同这种理论，他写道："从实际因素和道德因素考虑，非暴力对我们来说是唯一一条通往自由的道路。如果采取暴力手段，必须面对一个残酷的事实，那就是会有成千上万的人伤亡。"

在你的生活中，你可能不需要为反抗任何野蛮的群体而进行消极抵抗或以非暴力方式抵抗。但是只要你愿意，你可以让别人明白，尽管你可能经常反对做他们要你做的事情，但你会以非暴力的方式反对。这种方式不会让你在情感上和心理上感到不舒服，还为他人树立了一个好的榜样，让世界多些和平，让人与人之间更友善。

认识到恨的讽刺效果

与其他情感相比，恨对你的影响更大。像嫉妒和其他几种强烈的情感一样，恨会一直困扰你，影响你的生活。恨对一个人的影响远远超过挫败感，恨还会伴随着对自己有利的假象。表面上看，你似乎沉浸在自己的世界，努力得到你想要的，摒弃你不想要的（通过愤怒的方式）。但是这只是个假象！

"我必须做得很好，赢得他人的认同，如果做不到，后果太可怕了"，这种非理性信念引发的焦虑感会使你关注他人，而不是自己。恨会产生相似的效果。某些人对你不公平，你感到很愤怒，导致你将注意力集中到他们身上，同时在此过程中迷失了自己。你似乎想要得到更多的满足，但是你其实执著于改变他们，伤害他们，或为他们受到的伤害而幸灾乐祸。

如果你意识到这种思维方式会让你将注意力集中到他人身上，那么你就会明白，通过恨别人以及自欺欺人地认为恨对自己有帮助，你让自己被打败了。认识到这点，你就能重新关注自己的主要利益："他们的做法给我带来了不利，我该如何让我的生活更快乐呢？"正如肯·奥尔森（Ken Olsen）所说："恨是一种因他人的行为惩罚并毁掉自己的一种方式。"多么讽刺！记住这个讽刺意义，一遍遍地告诉自己，直到以自我利益及社会关怀取代恨。

构建人本主义价值观

如果你将自己看作人类的一分子，如果你承认所有人都有生存的权利，并且有权快乐地生活，如果你认为仁慈地对待他人会让你的生活更有满足感，那么你就不会那么生气，对别人也不会那么严厉，即使别人对你很差。这并不是要求你必须尽一切努力帮助别人，或为别人牺牲自己；而是指你的人本主义价值观越坚定，就越可能善待他人。

为构建人本主义信念，需要记住：你憎恶不必要的不公平对待，大部分人跟你的感觉一样；关心他人会带来你想要的结果；尽管别人对你不公平，你还是对他们好，这种做法具有挑战性，能让自己成长。你不一定要成为像弗洛伦斯·南丁格尔（Florence

Nightingale）[⊖]或圣・弗朗西斯（St. Francis）那样的人，但在你努力让世界变得更好的过程中，你会找到真正的满足感。彻头彻尾的利己主义既单调又乏味。关注自身以外的一些事情会带来更多快乐，这点是理性情绪行为疗法从创立之初就一直主张的。为一个社会团体或事业奉献自己对你、对整个人类都是有益的。

理解对方的痛苦

你在生气时，容易沉浸在自己的情绪中，并以为你生气的对象会以某种方式因你大发脾气而受益。太天真了！你的对手可能很难接受你的脾气，感到生理上与情感上的痛苦，或认同你的批评，让自己变得很沮丧。尽量想象你的反对者可能经历的痛苦，以此阻止自己发怒。他们的痛苦对你有什么好处呢？

当然，不要走到另一个非理性的极端：为发怒而谴责自己。不管你的行为有多错误，有多“坏”，你从来都不是一个坏人。但是，你的愤怒情绪确实给脆弱的人带来某些后果，而且通常是残酷无情的后果。别忘了别人的脆弱性。尽量告诉自己，即使别人的行为是有害的，他们也不应该为此遭受你的愤怒的折磨。要知道，他们的痛苦不一定会使他们改变不好的行为。

⊖ 弗洛伦斯・南丁格尔（1820—1910），英国著名社会改革家和统计学家，现代护理事业的奠基人。因在克里米亚战争中从事护理工作而闻名，被誉为“提灯女神”。1912 年，国际护士理事会将 5 月 12 日（南丁格尔的诞辰日）定为国际护士节。——译者注

改善人际关系

不对别人发火的一个明显的好处是能够改善人际关系。然而奇怪的是，人们很容易忘记这一点，而是将注意力集中到一些不可靠的目标上。例如，父母亲专注于教育孩子做正确的事情，并坚持认为孩子必须这么做。当孩子做错了事情，父母亲就要发火，叫喊着让他们改正错误。结果是，父母与孩子的关系很差，而且孩子通常会往更坏的情况发展！

所以要提醒自己："如果我冲别人发火，就是在与他们为敌，这会让他们坚持之前不好的行为。如果我能够接受他们不好的行为，不要求他们停止这种行为，那么我能够更好地与他们相处，还能够不时教导他们。我越是少发火，就能越有效地教导他人。而且，我也会有更多朋友！"

学会与人合作

理性情绪行为疗法并不认为竞争是有害的，应该避免。相反，理性情绪行为疗法认为，一个人总是希望得到自己想要的，希望得到的比别人多，并且以他人为代价而得到某些东西。

获得他人的认同或爱情的过程中同样存在竞争。你想要与某人建立亲密关系，而你的对手也有同样的想法。你喜欢的人只要一个恋爱对象，所以你和竞争者之间有一个要失败。你应该退出竞争，还是气愤地与你的竞争者斗争，还是处心积虑地打败对手？你该怎么做呢？

理性情绪行为疗法给你的答案是，尽力去得到你想要的，在竞争中胜出，但是不要有这种想法：你必须赢，否则你就是一个一无是处的人，而你的对手就是一个恶棍。下定决心（不是绝对坚持）得到你想要的。同时，考虑到合作的好处。有时候你和竞争对手都能够赢，而且你会发现帮助别人有所成就是件很快乐的事。你追求的目标——不管是爱情、金钱还是成功——不一定是你唯一的目标。与他人分享；与他人合作，让大家都能有所收获；友好地对待你的竞争对手，这些都可以成为你的目标。

记住，竞争除了会有所收获外，还有不利的后果。竞争消耗时间和精力；使他人与你对立；过分强调输赢。竞争还会给第三方造成明显的不良后果：当工会和经营者为产业收益而竞争时，大众要承受随之而来的罢工和停工带来的后果。从更广泛的意义上说，激烈竞争很可能导致国际纷争和国际战争。

根据理性情绪行为疗法，培养自己更多的是想要而不是需要某些东西，而且与你团体中更多的人合作，而不只是与一小群家庭成员合作，这样的话，你就不会感到那么生气。

当然，你也许并不渴望合作带来的满足感，因此也不会与人合作。但是，你至少有两种切实可行的选择，如果你喜欢其中一个选择——单方面的竞争，并不意味着你必须一直喜欢这个选择。

参与研讨会、培训课程以及心理治疗项目

为了提高管理愤怒的技巧，除了这本书介绍的理性情绪行为疗法和认知行为疗法之外，你还可以参加各种研讨会、研习班、培训课程以及心理治疗项目。但是不是任何项目都可行！一些很流行的研习班

和治疗项目（尤其是那些由非专业教练组织的项目）强调尽情宣泄愤怒情绪，会“帮”你以及与你一起生活和工作的人变得比以前更容易发怒。

不过，一些研习班和治疗项目注重使你改变认知及行为，了解和改变那些导致愤怒情绪产生的信念，这些可能会对你有相当大的帮助。而且，一些项目教你一些特定的行为技巧，以及改善沟通、健康养育的技术，这些都会让你受益。试试这本书介绍的方法，同时试试其他教你如何对自己的愤怒负责，如何减轻愤怒的训练项目。

How To
Control Your Anger
Before It
Controls You

第14章

接受愤怒的自己

我们希望这本书已经清楚地说明了如何最大限度地减轻愤怒情绪，以及其他一些让你困扰的、不健康的情绪和行为。然而，人都会犯错，你会发现自己还是一次又一次地重新回到让自我挫败的想法和行为中。这种情况发生时，该以何种最好的方式应付自己（以及他人）。

假设你已经成功地练习了这本书介绍的几种方法，现在你遇到了一件事，某一天老板对你很不公平，做的事情实在让你讨厌，你觉得应该让他吃吃苦头。幸运的是，在你有机会当着他的面发作之前，他有事离开了办公室。他走后，你花了半个多小时才让自己平静下来。当你想起他是如何恶毒时，你的心还是怦怦直跳。现在让我们看看，在这种情况下，你如何能够较好地处理愤怒情绪。

首先，你完全承认自己对老板有愤怒情绪，而不是拒绝承认这种情绪的存在或为这种情绪辩护。你要承认主要是你自己导致这种情绪的产生，而且让自己再次经历这种情绪很愚蠢。是你让自己生气，不是你老板让你生气。你这样做错得离谱，太傻了。你老板那种令人讨厌的、过分挑剔的行为，无疑会让你感到恼怒、生气。这样对你太不公平了，你怎么会喜欢呢？但是，你为他的讨厌和不公平而生气，这就没必要了。

第二点也许更重要，那就是你要接受有着愤怒情绪的自己。你可以承认自己感到愤怒是错误的，但不是承认自己不好。和其他人一样，你可能做得不好，但你没必要因此责备自己。人都会犯错，你有犯错的权利，有让自己生气的权利，即使这种情绪是不健康的。让自己明白，你这样做并不能说明你是个白痴或懦夫。你只是一个有愚蠢行为的人，不是一个愚蠢的人。

告诉自己："我对老板发火，这种行为确实对自己不利，但是我可以这样做，作为一个人，我有权做傻事。我的行为是错误的，但我不是一个差劲的人。"换句话说，接受自己，但不接受自己的行为。完全承认自己行为的愚蠢，承认这种行为带给你的害处很可能比好处多。

重新回顾你的愤怒情绪，分析为什么它会给你带来伤害。愤怒让你感到极其痛苦；对解决你跟老板的问题没有帮助；很可能使你跟老板的关系更差；可能导致生理问题（如高血压）；让你专注于你的老板以及他明显不合理的做法，使你不能专注于自己的工作，不能让老板满意；在很多方面都妨碍了你的效率。

如果你下定决心，就算有愤怒情绪，也会接受自己，接受自己是个会犯错的人，那么你很容易就会承认愤怒是不好的、让自我毁灭的情绪。但是如果你因自己的愤怒情绪而一直责备自己，从整体上否定自己，那么你很可能会拒绝、压制愤怒情绪，并为愤怒情绪找借口。这样的话，你会发现自己处理得很不好。因此，要将愤怒看成是不好的，但又是可以改正的。

回想一下，是哪些错误的想法让你自己生气。下定决心，今后不要有这样的想法，在你的脑海里想着怎么做。最后发现你要求你老板行为公平合理，当他不能达到你的要求时，你告诉自己："太糟了！他没有权利这样做，这种方式不是我要他做的方式！我无法忍受他的愚蠢！我希望他去死！"

在D（质疑）阶段，你问自己："我的老板做事令人讨厌、不公平，为什么这样就很糟糕呢？为什么他没有权利这样做呢？我真的无法忍受他的愚蠢吗？证明这一点。他真的是个彻头彻尾的恶棍，应该去死，好让我高兴吗？"

你的答案："我的老板做事令人讨厌、不公平，但这事没有那么糟糕，只是挺烦人，给人带来不便而已！他确实有权利这样做。即使他做错了，而我不喜欢他的行为，我也完全可以忍受。如果我做错事让他不高兴，显然不能因此说我是个恶棍。同理，不能因为他让我不高兴，就说他是个恶棍！"

注意一点：你运用理性情绪疗法的ABC步骤来解决问题，这种做法说明你没有对自己的愤怒不负责任。你确实承认自己生气了，而且承认生气是错的。你还试图去弄明白，你做了什么让自己生气，以及今后你可以做什么阻止自己生气。这是关键。通过种种方式，你很好地接受了愤怒。这些方式包括：了解愤怒；认识到人总是容易让自己生气；是自己导致愤怒产生，但还是能够接受自己；告诉自己如何去质疑愤怒情绪。

你一旦承认并质疑导致愤怒情绪产生的非理性信念，就可以采用几个切实可行的步骤让自己平息怒火，也许还可以让那些使你生气的人反思他们的行为。你可以采用以下几个步骤。

1. 对让你生气的人，你要坚持自己的权利，运用以自我感受为主导的表达方式，而不是以他人感受为主导的表达方式。如果你老板让你加班，还不付你加班费，你很不喜欢这样。这种情况下，你不要对他说："你老让我加班，这样对我不公平！我真不明白，你怎么可以这样做!"这种话是在直接指责他行为"恶劣"，并且认为他知道这样做不好，因此绝对不应该这样做。他不大可能会理你的指责。

相反，你可以采用以自我感受为主导的表达方式来传达同样的信息："我老是要加班，还没有加班费，我不喜欢这样。我在想这样是否公平。从我的立场来看，这样做有些不公平，不知道你是如何看这个问题的。"这种方式表达了你的感觉，以及你认为某事是错误的，但是表达得很婉转，很有策略。告诉别人你的不满，但不是强烈的愤怒，即便你在说的时候很生气。

2. 当某些人让你生气，而他们似乎意识不到自己的行为不好的时候，尽量以威严的而不是以命令的态度跟他们说话。例如，如果你的一个雇员老是迟到，你不要说："你怎么可以老是这样？你明知道我们这里是不允许迟到的!"而是这样说："我不知道你刚来公司时是否有人明确地告诉过你，我们公司对准时上班有严格的规定。任何人有几次哪怕只是迟到几分钟，就要被上司训话，之后如果还是不能准时上班，就要被处罚。公司的这项规定实行了很长时间了，而且我们发现这一规定是可取的。所以我叫你来谈谈你迟到的问题。"

再举一个例子。如果你发现一个同学老是借你的作业抄，你感到很生气，可以这样对他说："也许你不认同做作业的规定，觉得这项规定很傻。但是我个人发现，除非我按时做作业，否则上课就跟不上进度。我觉得学习这门课最好的方式就是自己做练习。因此，我觉得借作业给你抄，对你没有多少好处，这样做只会对你不利。因此，我想我还是不借给你作业了。"这样说比以命令的口吻说好多了。如果以命令的口吻，你会这样说："听我说，你不要向同学借作业。这样做是不行的！"

3. 有人责备你时，你很生气，但你克制自己，没有严厉指责对方。如果你能做到这些，你会过得更好。报复性的驳斥会让你感觉好一点，但不会有好的结果。它会让你更生气，也会让他人对你产生仇恨。所以最佳的回应方式是：似乎同意对方的指责，或忽视对方的指责，或部分同意对方的指责，或让对方知道，你不是很在意、也不同意他的指责，你可以平静而坚定地回应他的指责。

例如，你认识的一个人嘲笑你的穿着，你可以这样反驳：①"是的，我这件夹克衫是有点花哨。"②"我觉得你确实不喜欢我的穿着。"③"我觉得我的夹克衫确实有点花哨，但很有意思，很漂亮。"④"我知道你的意思，其他人可能也会同意你的看法，但我不觉得这种事情有多重要。"⑤"显然，我们对花哨的理解不一样。"⑥"也许你觉得花哨，但现在几乎所有人都穿这类衣服，因此，即使你是对的，我还是会随大流。"

通过上述回应，你既坚持了自己的立场，又不会惹怒别人。即使你在做这样回应时感到生气，你的回应会让你冷静下来，不再那么生气。这种回应方式不会让你显得不诚实、不坚定，即使对方觉得你软弱，那可能是他的问题，你没必要觉得自卑。

4. 赫伯特·芬斯特海姆（Herbert Fensterheim）与琼·贝尔（Jean Baer）非常正确地指出，你因别人的指责而生气时，没有必要感到抱歉或讨厌自己。如果有人批评你穿衣的品位，你不要这样回答："是啊，我穿这种花哨的颜色，确实让人看轻我"，或者："你是对的。我的品味太差了。"软弱的表现可能会使批评者更强烈地指责你，给其他人树立了一个坏榜样。如同我在《如何与一个"神经病人"相处》一书中说的："尽力表现一种坚定的、善意的态度。不是不坚定的善意，或坚定的不友善。就是坚定的善意。不管其他人怎么看你，你都要坚持自己的想法。"

5. 偶尔不妨以讽刺、刻薄、批评的态度回应别人的奚落。例如，面对某些群体（如强硬的街角帮），如果你不坚决捍卫自己，并以不友善的话语回敬对方，对方会认为你软弱，可能会不断伤害你。然而，要将这种带讽刺的反驳作为例外的方式，而不是常规的方式，即使在别人明显侮辱你，你很生气的时候，也尽量不要采用这种方式。

6. 不要对自己处理愤怒的方式吹毛求疵，当你对某些人感到很生气时，不要要求自己做出"得体的"回答。有时你在反驳时无可避免地会态度恶劣，或表现得很软弱；有时你太生气了，会以一种压抑的、哽咽的、怒气冲冲的态度回应别人。你会这样的！如果你在生气时还能够一直很好地控制自己，不做愚蠢的行为，那自然很好。但是有时候你会做傻事。你肯定会的！

学会接受有弱点的自己，学会接受愤怒的自己。你的愚蠢仅仅说明你是个人（列奥纳多·达·芬奇、牛顿、爱因斯坦也经常会做白痴的事，你也会)。

7. 务必使自己少生气。你不可能做到完全没有怒气，但你可以让自己少生气。试着这样做，不要轻易放弃。不断说服自己不要发怒，同时试着说服亲密的朋友和同事不要发怒。如果你告诉他们如何做到少生气，他们可能还能成为你的榜样，让你减轻愤怒。

8. 生气时，向自己和其他人承认这一点。当然，不是每次都要这样！如果你对校长或老板感到非常生气，最好在他们面前假装你没有生气。但不要在你朋友和同事面前假装不生气，对他们你可以非常坦诚。承认自己非常生气，告诉自己，是你让自己生气。这样，你不用耗费时间和精力去压制、隐瞒自己的愤怒情绪，你可以用这些时间和精力来面对愤怒，想办法减轻愤怒。

忍受愤怒的方法与减轻愤怒的方法一样。不管你是想减轻情绪困扰，还是希望忍受困扰并快乐地生活，都可以采用理性情绪行为疗法。保罗·豪克在一本关于理性情绪行为疗法的书《战胜挫败感和愤怒》中提出几项有用的、避免愤怒的规则。如果你在尽力减轻愤怒的过程中还是感到很生气，同时又希望能过得快乐些，这些规则对你也会有所帮助。

例如，豪克指出，义愤情绪不是你可以生气的借口，因为所有的愤怒情绪往往都包含正义：“事实上，如果你不是认为自己完全正确、别人完全错误的话，你不可能产生愤怒情绪。不仅对人如此，对物、对自然界的现象也是如此。当你生气地踢了一脚漏气的车胎时，你是在告诉这个世界，车胎没有权利漏气，它在跟你玩一个卑鄙的、下流的把戏，这么糟糕的轮胎活该被踢。”

认识到你的义愤中有某些愚蠢的成分会让你停止踢车胎，还可以让你幽默地接受它，将它看作极易出错的生活的一部分。

理性情绪行为疗法的治疗师以及保罗·豪克、巴德·奈（Bud Nye）都建议：可以对他人的行为感到生气，但是不要对行为者生气。你自己也是个行为者！如果你对某些严重的缺陷感到不满，可以鼓励自己或他人改正错误，从而发挥性格中优秀的一面。强烈的批评可以有效地解决问题，但这种批评不是谴责。

豪克在《战胜挫败感和愤怒》一书中引用理性情绪行为疗法的一句格言："原谅一切，但不要忘记任何事。"说得好！例如，杰克和琼不公平地对待你，违背与你合租公寓的约定，你可以原谅他们的行为，将他们看作行为不好的人而接受他们，同时你要记住这次不走运的经历，以此为鉴，防止今后再遇到此类不公平的事情。对杰克和琼（还有其他人）的行为感到生气，但不是对他们生气，这样的话，你可以生活得更好。

How To
Control Your Anger
Before It
Controls You

第15章

结语

所有减轻愤怒情绪的方法，以及忍受愤怒并继续很好地生活的方法，对某些人在某些时候有效。但没有任何方法是完美的。任何一种方法都有其局限性。你作为一个独特的个体，会发现有些方法很有效，有些则收效甚微。除了积极地试验每一种方法之外，还有什么其他办法吗？几乎没有其他更好的办法！

如果你已经努力尝试过各种经过临床及科学测试的减轻愤怒的方法，但还是感到愤怒，那么这些方法是否有助于你减轻愤怒，减少痛苦，生活得更好呢？是的，很可能是有所帮助的，只要你接受理性情绪行为疗法的主要理论：你经常会遇到一些严重的问题和不公平的事情，很多情况不是你造成的，但不必要的愤怒确实是你自己造成的。

一旦你承认是自己造成愤怒情绪（更别提其他困扰的情绪了），你就会发挥天生的解决问题的能力以及追求快乐的天性。你会专注于解决生活中的困难，而不是让这些困难严重影响你。你会发现，尽管愤怒好像控制了你，但你有非凡的能力控制、减轻愤怒。一旦你认识到这点，你就可以训练自己少生气。

也许你会发现自己根本不需要做到这一步。如前所述，你可以学会带着愤怒情绪而快乐地生活。如果你愿意，你可以到这一步为止。你不需要在每次发怒时，都设法让自己平息愤怒。你可以接受自己带有愤恨的情绪，这种接受的态度会让你受益不少。然而你会发现，当你到达这个阶段——生气时坚决不责备自己，积极寻找解决问题的方法，而不是纠结于生活中“讨厌”的不公平事件，你很可能会希望继续下一步更有效的练习：放弃愤怒情绪，以一种宽容而非谴责的态度对待这个世界以及周围的人。你不是必须这样做，但是为什么不试试呢？

附录

理性情绪行为疗法自助表

A（诱发事件）

- 概述让你困扰的情况
- A 可以是内部的或外部的，真实的或想象的。
- A 可以是过去、现在、将来的事件。

IB's（非理性信念）

识别非理性信念的几个要点：

- 教条主义的要求
  （必须、绝对、应该）
- 把事情想得过于糟糕的思维方式
  （太糟糕，太严重，太可怕）
- 低挫折容忍力
  （我无法忍受这样）
- 评价自己或他人
  （我 / 他 / 她很坏，毫无价值）

D（质疑非理性信念）

质疑自己的问题：

- 我怎么会产生这种信念的？这种信念对我有帮助，还是会让我失败？
- 有何证据支持这种非理性信念，这种信念与事实相符吗？
- 我的信念有逻辑性吗，是否源自我的个人偏好？
- 真的有那么糟吗（糟到不能再糟的地步）？
- 我真的不能忍受吗？

C（结果）

主要的不健康的负面情绪： 主要的让自我挫败的行为：

不健康的负面情绪包括：

- 焦虑
- 抑郁
- 愤怒
- 低挫折容忍力
- 羞愧/窘迫
- 伤心
- 嫉妒
- 内疚

RB's（理性信念）

E（新的效果）

新的健康的负面情绪： 新的有建设性的行为：

理性思维要做到：

- 非教条主义的期望
  （希望、想要、渴望）
- 评价糟糕的情况
  （不好、不幸）
- 高挫折容忍力
  （我不喜欢这样，但我能够忍受）
- 不要全盘否定自我或他人
  （我和其他人都会犯错）

健康的负面情绪包括：

- 失望
- 忧虑
- 心烦
- 伤心
- 遗憾
- 沮丧

A（诱发事件）

我的老板严厉地批评我，对我很不公平。

- 概述让你困扰的情况。
- A 可以是内部的或外部的，真实的或想象的。
- A 可以是过去、现在、将来的事件。

IB's（非理性信念）

他不应该这样对我！ 我无法忍受他的不公平对待！ 他是一个非常讨厌、非常坏的人！

D（质疑非理性信念）

有什么证据证明，我的老板必须对我公平？ 因为他不公平对待我，我就无法忍受，不能快乐生活吗？ 他不公平对待我，凭这点就说他是一个彻头彻尾的坏人？ 这种非理性信念对我有帮助还是会妨碍我？

识别非理性信念的几个要点：

- 教条主义的要求（必须、绝对、应该）
- 把事情想得过于糟糕的思维方式（太糟糕，太严重，太可怕）
- 低挫折容忍力（我无法忍受这样）
- 评价自己或他人（我 / 他 / 她很坏，毫无价值）

质疑自己的问题：

- 我怎么会产生这种信念的？这种信念对我有帮助，还是会让我失败？
- 有何证据支持这种非理性信念，这种信念与事实相符吗？
- 我的信念有逻辑性吗，是否源自我的个人偏好？
- 真的有那么糟吗（糟到不能再糟的地步）？
- 我真的不能忍受吗？

C（结果）

主要的不健康的负面情绪：
愤怒。

主要的让自我挫败的行为：
三天没去上班，闷闷不乐。

不健康的负面情绪包括：

- 焦虑
- 抑郁
- 愤怒
- 低挫折容忍力
- 羞愧／窘迫
- 伤心
- 嫉妒
- 内疚

RB's（理性信念）

没有证据表明，我的老板必须对我公平。

即使他对我不公平，我还是能够忍受，继续开心地生活。

他对我不公平，这说明他是一个对别人不好的人，但是他还做了很多其他事情，因此不能说他是个完全不好的人。

这种非理性信念不会让他改变，只会让我自己生气，使他对我更不好。

E（新的效果）

新的健康的负面情绪：
失望、沮丧。

新的有建设性的行为：
平静而坚定地与老板对质。

理性思维要做到：

- 非教条主义的期望
（希望、想要、渴望）
- 评价糟糕的情况
（不好、不幸）
- 高挫折容忍力
（我不喜欢这样，但我能够忍受）
- 不要全盘否定自我或他人
（我和其他人都会犯错）

健康的负面情绪包括：

- 失望
- 忧虑
- 心烦
- 伤心
- 遗憾
- 沮丧

正念冥想

《正念：此刻是一枝花》

作者：[美] 乔恩 · 卡巴金 译者：王俊兰

本书是乔恩 · 卡巴金博士在科学研究多年后，对一般大众介绍如何在日常生活中运用正念，作为自我疗愈的方法和原则，深入浅出，真挚感人。本书对所有想重拾生命瞬息的人士、欲解除生活高压紧张的读者，皆深具参考价值。

《多舛的生命：正念疗愈帮你抚平压力、疼痛和创伤（原书第2版）》

作者：[美] 乔恩 · 卡巴金 译者：童慧琦 高旭滨

本书是正念减压疗法创始人乔恩 · 卡巴金的经典著作。它详细阐述了八周正念减压课程的方方面面及其在健保、医学、心理学、神经科学等领域中的应用。正念既可以作为一种正式的心身练习，也可以作为一种觉醒的生活之道，让我们可以持续一生地学习、成长、疗愈和转化。

《穿越抑郁的正念之道》

作者：[美] 马克 · 威廉姆斯 等 译者：童慧琦 张娜

正念认知疗法，融合了东方禅修冥想传统和现代认知疗法的精髓，不但简单易行，适合自助，而且其改善抑郁情绪的有效性也获得了科学证明。它不但是一种有效应对负面事件和情绪的全新方法，也会改变你看待眼前世界的方式，彻底焕新你的精神状态和生活面貌。

《十分钟冥想》

作者：[英] 安迪 · 普迪科姆 译者：王俊兰 王彦又

比尔 · 盖茨的冥想入门书；《原则》作者瑞 · 达利欧推崇冥想；远读重洋孙思远、正念老师清流共同推荐；苹果、谷歌、英特尔均为员工提供冥想课程。

《五音静心：音乐正念帮你摆脱心理困扰》

作者：武麟

本书的音乐正念静心练习都是基于碎片化时间的练习，你可以随时随地进行。另外，本书特别附赠作者新近创作的“静心系列”专辑，以辅助读者进行静心练习。

更多>>>

《正念癌症康复》 作者：[美] 琳达 · 卡尔森 迈克尔 · 斯佩卡

抑郁 & 焦虑

《拥抱你的抑郁情绪：自我疗愈的九大正念技巧（原书第2版）》

作者：[美] 柯克 · D. 斯特罗萨尔 帕特里夏 · J. 罗宾逊 译者：徐守森 宗焱 祝卓宏 等

美国行为和认知疗法协会推荐图书
两位作者均为拥有近30年抑郁康复工作经验的国际知名专家

《走出抑郁症：一个抑郁症患者的成功自救》

作者：王宇

本书从曾经的患者及现在的心理咨询师两个身份与角度撰写，希望能够给绝望中的你一点希望，给无助的你一点力量，能做到这一点是我最大的欣慰。

《抑郁症（原书第2版）》

作者：[美] 阿伦 · 贝克 布拉德 A.奥尔福德 译者：杨芳 等

40多年前，阿伦 · 贝克这本开创性的《抑郁症》第一版问世，首次从临床、心理学、理论和实证研究、治疗等各个角度，全面而深刻地总结了抑郁症。时隔40多年后本书首度更新再版，除了保留第一版中仍然适用的各种理论，更增强了关于认知障碍和认知治疗的内容。

《重塑大脑回路：如何借助神经科学走出抑郁症》

作者：[美] 亚历克斯 · 科布 译者：周涛

神经科学家亚历克斯 · 科布在本书中通俗易懂地讲解了大脑如何导致抑郁症，并提供了大量简单有效的生活实用方法，帮助受到抑郁困扰的读者改善情绪，重新找回生活的美好和活力。本书基于新近的神经科学研究，提供了许多简单的技巧，你可以每天“重新连接”自己的大脑，创建一种更快乐、更健康的良性循环。

《重新认识焦虑：从新情绪科学到焦虑治疗新方法》

作者：[美] 约瑟夫 · 勒杜 译者：张晶 刘睿哲

焦虑到底从何而来？是否有更好的心理疗法来缓解焦虑？世界知名脑科学家约瑟夫 · 勒杜带我们重新认识焦虑情绪。诺贝尔奖得主坎德尔推荐，荣获美国心理学会威廉 · 詹姆斯图书奖。

更多>>>

《焦虑的智慧：担忧和侵入式思维如何帮助我们疗愈》 作者：[美] 谢丽尔 · 保罗
《丘吉尔的黑狗：抑郁症以及人类深层心理现象的分析》 作者：[英] 安东尼 · 斯托尔
《抑郁是因为我想太多吗：元认知疗法自助手册》 作者：[丹] 皮亚 · 卡列森